别在吃苦的年纪
选择安逸

沉白 著

文汇出版社

图书在版编目 (CIP) 数据

别在吃苦的年纪选择安逸 / 沉白著 . — 上海 : 文
汇出版社 , 2018. 1
ISBN 978-7-5496-2411-9

Ⅰ . ①别… Ⅱ . ①沉… Ⅲ . ①人生哲学 - 通俗读物
Ⅳ . ① B821-49

中国版本图书馆 CIP 数据核字 (2017) 第 293128 号

别在吃苦的年纪选择安逸

著　　者 / 沉　白
责任编辑 / 戴　铮
装帧设计 / 天之赋设计室

出版发行 / **文汇**出版社
　　　　　上海市威海路 755 号
　　　　　（邮政编码：200041）

经　　销 / 全国新华书店
印　　制 / 三河市龙林印务有限公司
版　　次 / 2018 年 2 月第 1 版
印　　次 / 2020 年 11 月第 8 次印刷
开　　本 / 880×1230　1/32
字　　数 / 129 千字
印　　张 / 7

书　　号 / ISBN 978-7-5496-2411-9
定　　价 / 36. 00 元

自 序 》》》

（一）

以前即便知道自己想要什么，也总是因为懦弱而摇摆不定，我高喊的那些口号像一个又一个的巴掌，撕心裂肺地打在我的脸上，然后形成一股排山倒海的掌声，环绕在我的周围，嘲笑我的胆小、委屈、不作为。

我往往红着脸，继续装疯卖傻，有规律地伸出我的左脸或右脸。现在好了，是的，现在好了，我把自己活过来了，那段装疯卖傻的岁月就这样躺在那，一动不动，我知道它害怕我的嘲讽，它害怕我挂在嘴边似是而非的浅笑。

这几天有点恐慌，这是这么多年来从来没有过的状况。也许真是年龄大了，偶尔熬个夜，第二天便总是提不起精神来。好几年前就忌惮着三十岁的到来，我甚至都没有勇气看一眼。以前总认为自己很年轻，还能任性地犯错误，现在却谨慎地不能再谨慎了。

三十岁，敢问路在何方？就像那句话说的，路在脚下。走得安稳，才能走得轻盈。

而现在，三十岁的我该做些什么？除了感谢这些年来一直纵容我任性、幼稚、天真的家人和朋友外，我想美美睡上一觉，在明天明媚的阳光下，我会选择另一种新生。

（二）

我知道，这个世界不够完美，至少没有想象中那么完美。也知道，这座城市不够精致，至少不能马上帮你实现梦想。

可这就是我们眼前的世界。它真实，残酷，可也没有决绝到不给一个人留活路的境地。

再看看你的身边，每天又有多少人同你搭乘同一班地铁上班，晚上又再搭乘同一班地铁归家；在这座城市霓虹未灭的地方，清洁工人们早已开始一天的辛劳；这座城市月亮高悬在上空，余晖洒落在一波又一波刚加班完匆忙赶回家的路人的身上。

你不曾留意的某个陌生人，如果你肯靠近他去倾听，就会发现他的身上写满了故事，内心种满了坚强。

生活在这个世界里，你正一脸焦虑地赶着向前走，而你的未来，也正迫不及待地奔赴在路上。

我不渴望也不向往所谓的"成功学"——究竟是取得一份骄傲的成就，还是每天都能赚一大笔钱，又或者突破自己实现了一个个小小的心愿才算作真正意义的成功呢？

我想，每个人心中自有他的定义。我想说的只是，在万千个是非中，选择中，你找到你的，用力握住，就是一种单刀直入的成功。

每个单枪匹马勇敢闯世界的女孩，都让我钦佩；每个为梦想不顾一切的男孩，都是我心中的英雄。愿我们每个人都能接受这不完美的世界，活出最棒最真最闪耀的自我。

目 录
Contents

第四辑　不抱怨的世界

第 一 辑

做自己的摆渡人

1. 梦想在未来等你

去设定一个全新的目标，尝试一些别的事情。
说不定兜兜转转，最后也能找到合适的机会，去实
现自己内心深处的愿望。

2012 年 9 月，全民偶像李宇春推出一张名为《再不疯
狂我们就老了》的音乐专辑，自此引发全民大规模的"疯狂
行动"。

一些 80 后开始行动了，辞掉工作，带上相机，终于来
了一场说走就走的旅行；而 90 后们也都开始蠢蠢欲动，越
来越多的人加入寻找远方的旅行大军……

仿佛，眼下再不抓紧做些什么，一生的时光都将荒废。
而那些急匆匆上路的人，却从未停下来，认真地问问自
己——是否真的已经都准备好了？

之前，我很喜欢的一个"微博大号"，是个非常勇敢且

特立独行的姑娘——琪子。

22岁的时候，琪子从英国留学归来，因为非常喜欢写作，很想把花费了自己两年时间完成的心血结集出版。于是，在那个阳光灿烂的下午，她满心欢喜地带着自己那20万字的书稿走入某出版集团的大门，结果，她被冷漠地拒绝了。

走出大门，琪子的内心一片荒凉，迎着一阵寒风，她听见了心底梦想破碎的声音。可是她不甘心。为了能让文字顺利出版，琪子甚至想过自费，因为她是那么想要看到自己的文字变成铅字。

22岁的琪子，也很想开启一场旅行，是周游世界的旅行，这可比某位教师提出的"世界很大，我想出去看看"要早得多。

可是当年的她，没有足够的旅行费用，除了有在英国留学两年的经验，几乎没有其他的旅行技能。更要命的是，她尚未有能力购买到自己一直以来都非常中意的那款单反相机。这样，也就没办法将沿途优美的风光拍摄下来。

曾经，为了早日启程，琪子想过要不要先跟父母借用这一笔钱，等自己旅行结束，以后工作有收入了再慢慢还。可是，她的父母为了支持她留学读书，已经非常卖力，花掉了大部分的家庭积蓄。

想一想，她在英国留学期间，为了省点越洋电话费，父母一个月内只允许她打一次电话回家。并且，这两年，她的父母也没有购买任何其他贵重的礼物和衣物。

想到这里，琪子不由得感到双颊通红，心有惭愧。

是的，琪子从来也不是一个传统意义上安分守己的女孩。她的心里埋藏着许多美好的梦想，在有生之年，她想要把这一切一点一滴全部变成现实，因为她不想今生有遗憾。只是现在，她的一些计划只好搁浅。

但琪子并没有放弃写作，而是将这些文字整理发布在了网络上。没想到，几天过去，她的帖子下面竟真的开始有人关注，并且写了留言。

一个正在上大三的女孩留言表示说，很想买一本她的书，并且要她一出版就联系她；一个来自南方的高二男孩留言说，自己将来的梦想也是成为一名作家，虽然他现在必须为了冲刺高考而努力，但他永远不会放弃这个心愿，只待考上大学时间宽裕了就去努力；一个与她同龄且面对着相同境况的女孩则留言说，想要跟她一起拼搏，在人生的风雨历程中互相做伴。

还有很多很多的留言，温暖而感人——似乎每个人都在向她诉说着，那一个个炙热新鲜的梦想；也都在渴望着，能有朝一日认识她，走进她的生活。

看到这里，琪子忽然灵机一动——既然有这么多人渴望走进我的生活，跟我分享他们人生当中有趣的事情，分享梦想，那我为什么不主动一点，带上我的一切去走进他们的世界！

当天晚上，琪子就将自己这个看起来似乎有些幼稚的想法，告诉了她的父母。出乎意料地，她原本以为等待她的是一场暴风骤雨式的训斥，却不曾想到会是父母无比欣赏和鼓励的目光。

而父亲的话更加令她感动："孩子，做你想做的事情去吧。我知道你一直想成为一名作家，出去看看别人的生活，说不定能为你的写作带来更多好处。"

那一刻，琪子感动到真的不知道能说些什么，只是用坚定的目光，回应着世界上那两位最爱自己的人。

一个月之后，琪子出发了。第一站，去了距离家乡几千公里的东北。

是的，琪子是一位地地道道的南方姑娘。出国之前，她也曾去过北方，她很喜欢北方冬天的雪，纷纷扬扬的，落在庄稼人的田地里，落在村里校舍的房顶上，银装素裹，晶莹剔透。南方很少能遇见真正的雪花，孩子们当然也没办法打一场欢乐又漂亮的雪仗。

在众多的网友中，琪子选择了一个正在长春读研究生的小姑娘。第一次决定走进陌生人的生活，她还没有足够的勇气选择一个异性。

研究生小姑娘早早地就在火车站等着她，她们两个像是奔赴一场前生的约定。也不知道是为什么，或许就是那么一丝亲昵的感觉，琪子竟一眼就从熙熙攘攘的人群中看到了她。女孩那天穿着白色的羊毛衫，大红的围巾紧紧地包裹着上身，远远看去，就像一个可爱的大头娃娃。

琪子第一次住进陌生人的家里。

研究生女孩一家人都很热情，琪子是第一次吃到非常正宗的东北菜。吃完晚饭，女孩的母亲还一个劲地要她吃水果，来自陌生人的热情使琪子感到一股温暖。

也许是心细的研究生小妹看透了琪子的心思，她走过来，从桌上的盘子里拿出一个橘子，轻轻地放到琪子的手心："吃吧，现在到睡觉还得一会儿，我知道你有些紧张。"

异地他乡，能有这样一位陌生人关心自己，琪子都有些恍惚了。

东北的冬天很冷，家家户户都睡土炕，炭火把炕烧得非常暖和。到了睡觉的时候，研究生小妹执意要跟琪子住同一个房间，母亲执拗不过只好答应下来。

忘记她们从哪个话题开始聊的，聊到明星，聊到上海的天气，聊到全国各地的风俗，最后终又回归到彼此的梦想。

"琪子，你还打算出书吗？"研究生小妹问道。

"肯定啊，不过既然现在我走出来了，就只能先把出版的事情放一放。"琪子把整个身体都贴在热乎乎的炕上。

"等回到上海的家，我一定要跟爸妈分享下这有趣的经历。"她心里想着。

"我好羡慕你们这些有目标的人，像我，虽然现在考上了研究生，却是因为担心未来不好找工作才这样的。"小妹在她的旁边，忽然陷入了忧伤。

"也不是啊，只要你考上了就是好的。也许你现在还不清楚未来的路，但读完这三年研究生，或许这段经历能把你带到一个全新的高度呢。到时候再回头看看，或许就能有很多不一样的想法。"琪子鼓励小妹说。

然后她想着自己因为出版不成，到如今真的实现了走入陌生人的生活，世界上哪有什么是一定的呢——就像鲁迅先生说的，很多路，都是走着走着才变成了路。

现在她总算是知道了，或许在当下那个关键的时刻，一个人很想达成某件事，但却会因为目前自身条件的不足，或是物质或是心智，而未能实现。那么，不妨先把这些要紧的事情暂时放下，去设定一个全新的目标，尝试一些别的事情。说不定兜兜转转，最后也能找到合适的机会，去实现自己内心深处的愿望。

快乐的时光是短暂的。在东北待了一个礼拜后，琪子很不舍地同第一个陌生人——哦不，经过这段时间的相处，她们已经变成非常交心的朋友，挥手告别。

下一站，琪子选择去了北京。在这座历史文明悠久的一线城市，有个刚刚大学毕业的北漂正等待着她的光临。

你也许想不到这位女孩最后的结果是什么吧？现在的琪子，已经出版了五部个人原创的作品，并且每一部都很畅销，有一大波的 90 后甚至 00 后都很崇拜她。因为她是个敢于拼搏和有勇气实现梦想的女孩。

而之所以能这么顺利地出版，只是因为琪子将过去两年所采访到的每个人的生活故事详细地整理后，发布到了微博上。很多网友没有见过这样的故事，此前也没有人来做这样一项活动，很快，众多网友都成为她的忠实粉丝。

有了读者，自然就有了市场。于是，出版商很快都找上门来。

是的，这两年的自费旅程琪子吃了很多苦，身体也因采访过程的琐碎而劳累，甚至在一个陌生的城市里大病一场。可是，所有的辛苦，终究换来了她梦想的开花结果。

这些付出，是值得的。琪子说，正是这样的一场旅程，帮她找回了自信，找到了更棒的自己。这两年过去，她不但结交到了全国各地的朋友，更发掘了一个全新的自己。

现在的她，有了收入，有了一定的名气，有了更多的朋友，也有了更多关于旅行采访的计划和想法——所以，谁说有些梦想再等等就不会变得更好？

2. 愿你的青春不负梦想

> 如果你暂时没有实现梦想的条件，也无须着急，要懂得沉静、沉淀。别忘了，何老师说过，"梦想，永远来得及。"

这些年，随着年纪的增长，我渐渐不再关注青少年时期热衷的综艺节目，却始终为《快乐大本营》留了一个位置在心底。说起何炅，我一直都很欣赏他的主持能力，他的为人。

记得前几年，《快乐大本营》节目组集体为何老师过生日。当然，这个计划何老师全然不知道，因此当他看到一个三层大蛋糕缓缓出现，一步一步从舞台左边被推至身边，眼睛里早已噙满感动的泪水。

　　他是真的为同事们的这片热心所感动，再加上那句发自肺腑的话："回首人生，有《快本》这么一档节目，是大家一直在一起努力了 15 年，并且以后还将继续努力"，令电视机前的我也感觉暖潮袭来，泪流不止。

　　还有一期节目，是吴奇隆与苏有朋 20 年后再度合体。当音乐响起，两位如今依旧称得上是娱乐圈红人的偶像明星，再次演绎初出道时"小虎队"的经典歌曲，令退到舞台一旁的何炅，同样湿了眼眶。

　　看看，别人跟自己兄弟团聚，却让我们的何老师哭得泪眼婆娑，感慨万分——不错，我喜欢的何老师，是一个从不刻意隐藏感动，不管年纪几何，都能一如既往流露真情的人。

　　试问，谁会不喜爱这样真性情的人呢？真性情的人才有梦想，有赤子之心——何老师的梦想，是要导演一部电影，而他就在自己 40 岁生日这天，交出了一份令自己满意的答卷。

　　《栀子花开》这个被他称之为"梦想""40 岁也来得及实现"的作品，尽管网上对此有许多负面评论，可还是让我看到了他满满的诚意。他用实际行动告诉我们：梦想，只要你记得，就永远来得及！

　　我们这个时代的人，好像每个人都变得很容易脆弱——失恋了就可以不吃饭，不梳头，不洗脸，周末把自己封闭在房间里发一整天的呆；失业了就不想再学习，把自己放逐在被窝里，吃吃喝喝睡睡。时光只管随便去浪费。

而梦想是廉价的，它便宜到每个人都可以随便拥有和抛弃；梦想又是昂贵的，很多人以为自己拥有，却不曾为此付出努力，去把它实现。

很多人为了梦想，在现实里厮杀，被残酷的现实"教训"得头破血流，不得不靠喝大量的"鸡汤"和看励志电影来不断地提醒自己："哦，为了梦想，我得努力。"

我知道，《栀子花开》的诞生过程非常艰难。何老师本就身兼数职，要在大学教授课程，主持节目，还要和"快乐家族"一起灌录唱片……我总在想："那么忙的一个人，他是怎么挤出时间拍出这样一部青春故事片的？"看到新闻中说，为了宣传电影，他还曾亲自到北京各大院校当面赠送电影票，"讨好"学生呢。

再看看何老师同期出版的一本新书《来得及》，他在接受采访时说："人到了40岁，应该开始重新思考自己能不能为这个世界再做些什么，再留下些什么，我很惊讶自己40岁还能完成一个梦想。"

何老师还说："青春与年龄无关，大家保持年轻的心态，做出正确的决定，何时开始都来得及，永远不要放弃我们的梦想。"

虽然，我也知道，相比这种将梦想实现的举动，还有一些人会选择将梦想放置心底，让它顺其自然。夭折也好，实现也好，就像每个人最终都会离开这个世界，梦想也有它自己的归宿。

两年前，我耗尽心血完成一本书稿。出书一直都是我的梦想，于是，我找到编辑，跟他说了我这个伟大的梦想。

现在我还能想起，在向他描述这件事的时候，我的眼睛里闪着明亮的光，手指是多么激烈地在键盘上上下翻飞。但是，编辑在看过我的稿子后，毫不客气地泼了我一头冷水。

他说："你写这样的稿子根本达不到出版标准，就算修修改改最后勉强出版，也卖不了几册。就算有人愿意掏钱买，读完以后也势必束之高阁，终生不再过问。甚至就算有人肯翻阅第二遍，对这本书的感受也无非就是捂着心口狠狠地来一句，'什么啊，浪费精神粮食，烂书！'"

末了他问我："这样的书出版了对你有何意义？这样的梦想就算实现，你会真的开心吗？"

那一刻，我很心痛，毕竟是自己恭恭敬敬一字一字敲下的心血。但当冷静下来，我却开始思考，这次的失败或许是时机不当，或许是人没找对，又或者，我的写作能力确实还有待提升。

从那之后，我不再写完一本书就着急联系出版，而是放置一段时间，等头脑清醒了回头再阅读，修改，直到尽力。日本作家村上春树也曾说："一本书写完，作者至少要放上一周时间，再去看究竟还有哪些不足。"

是的，既然梦想是一辈子的，那么早一点、晚一点实现又有什么关系？

我看到网上有很多人评价何老师的这部电影是"烂片"。每次看到这样的归类，我都想问这些人："你们看过彼得·蒂尔、布莱克·马斯特斯合写的《从0到1》吗？你们知道什么叫做'不积跬步无以至千里'吗？"

一个人成功与否，在于你是否敢于迈出脚下的第一步，就算你只是从0到了0.5，做得不是那么尽善尽美，至少也比"空有一番幻想，却从不投入行动"要强得多。

从0到1，才能为自己创造无限的机会与价值！

而梦想是什么？

苦练了10多年体育，就为站在奥运领奖台上为祖国争光的邹凯，当他被戴上金牌的那一刻，他的梦想能够被称之为梦想；因想要继续综艺事业而放弃了爱情的贾玲，日复一日地排练小品，最终成功地把观众逗乐，并且凭着自己的本事将名字深深嵌入观众内心的那一刻，她的梦想能够被称之为梦想；或是像马丁·路德·金，他的梦想说出了千万人的心声，关乎到整个民族的利益，他的梦想也能称之为梦想。

《当幸福来敲门》里的父亲对儿子说："如果你有梦想，就去捍卫它。"是的，每个人都该勇敢捍卫属于自己的梦想，不该让别人随便剥夺自己拥有梦想的权利。

如果你暂时没有实现梦想的条件，也无须着急，要懂得沉静、沉淀，别忘了何老师说过："梦想，永远来得及。"

3. 我选择为梦想颠沛流离

> 面对梦想，还有一些人选择等待——等时机，等命运，等条件，却不知道，机会和条件都是要靠自己去创造的。

过年回家的时候，我看了几个电视台的春节联欢晚会。不知道从何时开始，我竟悄悄地喜欢起了各式各样的小品，或许只是因为它们都带着浓浓的人情味，关于梦想、亲情、爱情、珍惜……

说到梦想，我更觉得这是属于那群在大城市漂泊逐梦的人，而不属于那种窝在家乡惬意享受小幸福的人。并不是说他们没有梦想，而是我几乎从他们身上看不到他们曾为梦想做出过哪怕一分的努力。

网上有个帖子："当我们谈论梦想时，我们在谈论什么呢？"网友的回答千奇百怪，有人说是妄想，有人说是未来，有人说是曾经，有人说那是一个永远无法实现的梦。

每个人都有专属于自己的梦想，但不是每个人都有去实现梦想的勇气。就拿今年看到的一个小品《追梦人》来说，我觉得只有真的做到了主角那样，才算真正对得起梦想，对得起自己。

小品讲述了一群年轻人到大城市追梦，渴望有天自己能变成正式的演员，亮相于荧屏。可是演员梦太高贵了，相貌与身材均不特别出色的他们，努力了很久，也没能得到一个配角的机会。但他们每个人都不想放弃，心里默默地憋着一口气。

年底了，奋斗了一年仍一无所获的他们，决定最后再努力一把，至少也要给家人和自己的青春一个交代。他们好不容易接到一份试镜的机会，却最终都没能令导演满意。于是，落寞的黄昏下，有些人暗自打起了退堂鼓，甚至劝说伙伴们也放弃吧。

有人掉下了眼泪，有人点燃一支寂寞的烟，还有人选择沉默，安静地蹲在角落里。只有一个女孩，她仍然在灯光下飞快地奔跑，此时此刻，电影《喜剧之王》里那熟悉的音乐响了起来，女孩一边奔跑一边说：

"在这个世界上，谁没有遇到过困难，谁没有试图放弃过，可大家别忘了我们为什么来到这里，又为什么坚持到今天！我们都有一个当演员的梦，可现在，你们问问自己真的为了它付出全部的努力了吗？摔倒了，爬起来拍拍身上的土，不就可以了吗？"

听着这段独白时，我的眼泪不自觉地掉落下来，使我想到早已被自己抛弃了的，如今恐怕落满尘埃的梦想。

后来，一起谢幕的他们说，这个小品正是根据他们的亲身经历改编的，所以表演起来就像回到了那段为梦想艰苦奋斗的岁月。

是的，他们现在基本算是熬出头了，不然我也不会在某家卫视的春晚上看到他们。可以想见，那些为梦想拼命的岁月，他们肯定舍弃了安定的生活，舍弃了与父母团圆的机会，一心一意扑在了事业上。是的，他们只为了对得起心中的梦想。

如今，他们成功了，终于站在全国观众的面前，爸妈也能通过电视看到自己的孩子，这个结果令人感动。可想而知，为了这一天，他们付出了多少辛苦。

周星驰说："我是一个演员。"

这虽然是他在电影里的台词，说出来还让人觉得挺好笑，可是后来才知道，如今赫赫有名的他，也曾有过一段晦暗、冗长的跑龙套生涯。那些为梦想而吃的苦，如今全部化作演艺事业的宝贵财富，令他深受千万观众的喜欢和敬仰。

真正的梦想，值得每个人拼尽全力；真正的梦想，属于那些从不轻易说放弃的人。如果你的梦想没能实现，那一定是你还不够努力，不够拼命。

现实生活中，我的一位练体操的朋友，为了能在全国体操比赛中取得好名次，不分昼夜地在练功房里训练，甚至差点住在里面。

每日辛苦地练习，使她的两只手掌早已没有了正常女孩的鲜嫩，布满了厚厚的老茧。有几次，甚至因为太过用功，她累瘫在高低杠上。可是她从来不为此后悔，既然种下梦想，就要对它负责，她愿意把所有的时间和精力都放在这件事上。

然而事与愿违，她最终还是以 0.1 分之差没能得到冠军。从台上下来的那一刻，几乎所有人都在等待她的一场号啕大哭，却没想到看到的却是她风轻云淡的笑容。她说，努力过就足够了。

虽然现实很残酷，有很多事情正如我的这位朋友一样，努力了，不一定就能获得一个令人满意的结果，但至少，你也向全世界证明了自己的努力。

你为梦想所付出的一切，大家都明了，自己也明了。在夜深人静的时候，当你回想起来，也不枉费曾经的年轻。

世界上最浪费精力的事情之一就是后悔，为了不让自己后悔，请慎重对待你的梦想，为它竭尽全力。

现在说说我自己。

我很喜欢在北京这座城市漂泊的感觉，有人质疑我有好好的生活不去过，为什么一定要选择流浪？我想，他可能不懂梦想的意义。

大家为什么从家乡来到千里之外的大城市？为什么漂洋过海去别的国家？原因就在于，那个地方有他们想过的生活，有他们喜欢的生活方式，可以让他们实现心中的梦想。

人生是一场单程旅行，放弃了，就很难再有实现的机会。面对梦想，还有一些人选择等待——等时机，等命运，等条件，却不知道，机会和条件都是要靠自己去创造的。

这个城市的人这么多，每天发生的事情也很多，如果每个人都选择被动等待的话，真的不敢想象未来是什么样。何况时间总是流逝得很快，就像你手中的沙子，也许不经意间就再也没了踪迹。

人越长大，越容易感觉到恐慌，那是对一事无成的害怕与担忧。

现在有了朋友圈，你随便花几分钟就能"刷"出朋友们的现状：有的人消失了一段时间，突然发个消息说自己开了家火锅店；有的人突然买了房，贴出一张房产证；有的人突然换了工作，职位高了薪水也涨了。

不管是哪一种，你总能清楚地看到总有人在进步和改变着，而也有人还站在原地等待着，放走了一个又一个蜕变的机会。

我们拥有的只有现在，为了你的梦想，争分夺秒、竭尽所能奋斗吧，不要惧怕他人的质疑，只需问自己是不是输得起。不要后退，不要轻言放弃，你终将会找到一道光明的所在。

4. 做自己的摆渡人

梦想这东西和经典一样，时间越久，越显珍贵。

Z 姑娘是我的女神，她不仅长得漂亮，而且活得精彩，是很多人羡慕、仰望的人。大约一年前，她抱着电话激动地跟我说她考上了社科院法律系研究生的时候，虽然我并不在她身边，可我确定她当时是含着热泪的。

我们俩认识有十年的时间了，高中同学兼将近一年的同桌，对于她的情况我是再清楚不过了。

Z 的家庭条件很好，父亲是当地政府的工作人员，母亲做生意。因为是独生女，家人对她很溺爱。父母的疼爱本无可厚非，然而仗着这种条件，Z 从小就任性野蛮，每天都是一副"古惑女"的做派。对于学习，那更是如同见了敌人一样——我们当地市区的中学她全都转了一圈，然后又转学回到了原点。

长年累月成绩垫底，在她看来是件再平常不过的事，反正她只要把自己过舒服了，天下也就太平了。高考过后，成绩一如既往"稳定"的她自然没有办法考上一所好大学，最后只能靠着家里的关系，上了一所民办大专。

按照这样的发展节奏，我当时给 Z 设定的剧本是这样的：上完大专以后，马不停蹄地回到老家，在父母的庇护下，找一份还可以的工作，然后再找个愿意让自己欺负的老公，自得其乐地度过自己的一生。

就她当时的状态而言，这大概也是我对她最好的期盼了。然而，我对她的设定太过一厢情愿了，她后来的发展轨迹和我预想的完全不同：Z 大专毕业以后，她违背了父母的安排，选择留在了那座城市。因为学历不高，她最终只找到了一份挣钱不多离家还远的工作。

这对于过惯了衣食无忧生活的她来说，不得不说是一个挑战。

Z 的选择让我很不解。一次聊天时，我说出了自己的疑问。

她说小时候看电影的时候，每次看到律师在法庭上唇枪舌剑，她都好生羡慕，特别是电影《法内情》《法外情》更是让她热血沸腾。那时候，她就梦想着能像电影里的那些大律师一样，除暴安良，报效社会。

可是，梦想和现实之间总会有一道沟横在我们面前。

小时候的梦想，在自己的任性妄为以及周遭亲人朋友的溺爱下，慢慢地变成了可望而不可即，每当它浮现在脑海中，我们总是选择视而不见或者干脆逃避。

这样，我们也许能很好地过完自己的一生，可是没有了梦想的生活，就像是没有了翅膀的飞鸟，即便知道前面万紫千红，却也无可奈何。等到老来，只能对着过往遗憾，哭诉没有什么骄傲可以回忆的青春。

Z 说现在她长大了，成熟了，才知道以前是多么的无知，浪费了自己多少宝贵时光，现在她要把以前丢掉的东西重新找回来。而最重要的就是，她要通过努力实现自己的律师梦，在这之前，她必须拿到自考本科毕业证。

因为之前知识亏欠的太多，各门学科的基础太差，她几乎全都是从头开始学习——十几本专业课课本外加政治和英语，这些构成了 Z 工作之外的全部生活。

原来那个任性刁蛮的人没有了，取而代之的是一个连坐公交车都带着书的姑娘；那个飞扬跋扈的人没有了，变成了现在这个总是在附近大学的自习教室里学习到熄灯的姑娘。

而更多的画面我们看不到，深夜一个小姑娘坐在公交车上低头看书，或者趁着午饭的时间背几个单词的场景。即便是工作再忙，她也会坚持一步一个脚印地踏实学习。两年过去了，因为能力出众，业绩优异，她成为了公司的中层干部，是老板最欣赏的员工，没有之一。

她的努力，公司的同事都看在眼里，大家也都心知肚明，要不了多久她就会升到公司高层。与此同时，她还拿到了法律专业的本科毕业证，生命中一切美好的东西都向她奔来。

作为朋友，仍为生活苦苦打拼的我，一方面羡慕着她有这么好的发展，另一方面也惊叹她竟然有如此天壤之别的变化。

当大家都认为她会继续在公司做下去的时候，Z 却出人意料地选择了辞职。带着这两年的积蓄和一大摞书，她决定北上北京，心无杂念，专门考研。

Z 这种疯狂的举动，一度让我不敢相信。

在朋友的帮助下，她租到了一所大学的宿舍床位，开始了自己新一轮的考研征战。再一次回到大学，她为自己安排了极其严格的作息时间，并保证每天都不找借口地完成。从此，她的生活变成了三点一线：宿舍、食堂、自习教室。

也许是因为底子太差，即便她如此努力，第一年她还是因为英语差了几分而与研究生擦肩而过。这次她消沉了很长时间，整个春节都处于情绪不稳的状态。见她如此，我就劝她别再这么折腾了，年纪也不小了，抓紧回家找份安定的工作，结婚生子。

可她并没有听从我的建议。就像以前的任性一样，她义

第一辑 做自己的摆渡人 〉〉

023

无反顾地走着自己的路。春节还没过完，她就踏上了北去的列车。延续着相同的路子，她再一次扬帆起航，重新向梦想之门奔去。

一如既往地努力学习，终于换回了她想要的结果，于是就有了开头的那通电话。2015 年，Z 终于如愿以偿考上了研究生，为此她付出了整整五年的时间。

每个人都有自己的梦想，可是为了这个梦想能坚持多久——十年？二十年？还是一辈子？

当我们将它束之高阁的时候，这也算是我们为它所付出的努力吗？每天躺在舒适的环境里做着成功的春秋大梦，最终的结果，只能是徒劳无益地浪费时间和喋喋不休地抱怨、感叹而已。

电影《老男孩》里有句台词："梦想这东西和经典一样，时间越久，越显珍贵。"梦想永远不会消亡，大部分的时候它就像是醇香的高粱酒，即便你将它扔在某个角落许久，待你幡然醒悟，它依旧会以最浓的香味吸引你。

这便是梦想的价值。不管你现在如何，只要开始，就永远都不会晚，就会有实现它的可能性。如果你连这都不愿意，那么未来等待你的也许只是刻板的生活和毫无生气的人生。如果你想感受人生的魅力，那么你唯一能做的，就是带着梦想翻越一座又一座高山，蹚过一条又一条大河。

之前看过一篇文章，里面有这样一句话：没有被抛弃的梦想，只有抛弃梦想的人。诚然，梦想一旦来到我们身旁，只要我们不抛弃，就永远不会离我们而去。

而对于梦想应有的态度，那就是依靠自己一点一滴的努力，朝着正确的方向，不断缩小这其中的距离——每秒一滴水，也会滴穿石头。每天走一米，总会超越梦想。

梦想的反义词是放弃，梦想的同义词则是坚持——唯有坚持才能离梦想越来越近，也唯有坚持才能让此生无憾。

我们的生活之所以如此艰难，不是因为现实的困顿打败了梦想的实现，而是梦想一直在那里，而我们却选择了举白旗投降。我们不是输给命运，而是输给不能自制的自己，于是在醉生梦死中彻底沦陷，以至于老了之后有太多的原因和理由来抱怨自己的生活。

梦想总是美好的，如此轻易就放弃了，多么可惜。

5. 让将来的你感谢现在拼命的自己

> 永远不要轻易把梦想寄托在别人的身上，未来
> 就在你的手中。

周末，和一帮朋友聚会闲聊，问起各自的近况。

有人说他现在发愁没钱结婚，女朋友几乎闹到分手。有人说现在很害怕家里会再有谁突然病倒，因为去年父亲突发脑梗住院花了很大一笔钱。还有人说生活过得太平淡了，真害怕未来每一天都这样没激情……

听了朋友的这些话，我真有些哭笑不得，不明白为什么每个人对于那些尚未发生的事情总要心生恐惧，好像明天就是世界末日一样。

不过，这也似乎正是我们生活的现状，一切都防患于未然。可在事情来到之际，也要懂得不慌不忙，冷静应对——并不是说对所有的事情都不在意，而是要抱着一份乐观的态度去生活。

前阵子，我的朋友 A 很反常地跟女朋友大吵一架，彻底结束了那段长达七年的感情。这个结果在所有人看来，都是那么不可思议，毕竟七年的时光都过来了，有什么理由说分手就分手呢？

问过 A 君后，他气势汹汹地说是因为彩礼。

两个人从大一就开始相恋，如今早到了谈婚论嫁的年纪，想必两边的家长也没少催促他们。按照女方老家的规矩，A 君在结婚前夕要给女方家里支付八万元的彩礼钱。

A 君一开始觉得对方要的太多了，迟迟不肯点头答应。女朋友着急了："难道我跟了你七年，还不值这八万块钱？"最后，两个人闹到分崩离析，互相撕破了脸皮，一段姻缘就这样终结。

A 君还说，彩礼其实只是一小部分的原因，主要是通过这件事，让他看到了自己的贫穷，感到实在没有信心让女朋友过上幸福的生活。他形容未来就好像一只饥饿了很久的老虎，随时都有可能冲过来把他一口吞下去。

对未来没有信心，无法给对方幸福，是很多男青年临婚脱逃的主要原因。我却觉得，站在现实的角度为两人考虑没有错，但却没必要悲观地、一厢情愿地把物质基础当成是用来衡量幸福的全部。如果钱可以代表一切的话，那爱呢？这世上有多少普通夫妻，不还是过得有滋有味、幸福甜蜜？

我让 A 君把姑娘找回来，好好地把家庭境况说给对方听，说不定姑娘可以理解 A 君的处境，毕竟爱了这么久。A 君拒绝了，他觉得没必要挽回一段没自信的婚姻，现在都过不好，更别谈什么将来。

就这样，A 君与姑娘分手了。后来，姑娘迅速找到一位新朋友并很快结了婚，听说生活得很幸福。而 A 君呢，一个人继续着浑浑噩噩的单身生活，甚至开始对婚姻产生恐惧。那点无处安放的，所谓一个男人的自尊心，让他看不到未来，也彻底迷失了现在。

殊不知，钱没了可以挣，自信没了，就注定只能沦陷。

A 君的生活原本可以越来越好，但他却选择了堕落——因为对未来种种的悲观设想，令他最终变成一个消极的人。

相反，我的另外一个朋友 B 君，对待生活格外积极乐观，因此，生活完全是另一番模样。

B 君原本在一个很小的图书策划公司上班，每天的工作就是写文案，约作者。因为公司规模不是很大，基本没有太多的工作，一天上班八个小时，B 君把所有的工作都做完后，还有剩余的时间。

别的同事们都在玩，聊天或是喝茶、玩微信，B 君却不想浪费时光。于是，每当闲暇下来，他总会去向策划部的同事请教经验，一有时间就学习写剧本。一年以后，B君已经能写60分钟的电影剧本了，而且质量还不错。接着，他跳槽去了一家艺人工作室。

这位艺人在国内属一线明星，每天的行程都排得很满。B君刚来暂时没有被老板委以重任，但他丝毫没有放弃，仍然在空闲的时间主动去找别的同事询问经验，业余时间下苦功夫继续写剧本。

半年以后，他写的一部剧本竟然被投资拍成了电影，并且上映以后还取得了不错的票房。当老板得知这部电影的编剧正是B君时，很开心地将他请到了办公室，要B君为自己量身定做一部剧本出来。

三年后，B君在影视行业已经累积了不少的人脉资源，对电影的拍摄制作、发行流程也了然于胸，于是他找来自己很好的两个朋友，合伙注册了一家影视公司。公司开张的那天，原老板还特意让助理送了花篮过来，恭贺他生意兴隆。

有谁能想到，当初的B君只是一家图书公司的小编辑，每个月拿着三四千块钱的工资呢？

对未来，我相信他也有过畏惧和恐慌，但他很理智地选择了先走好脚下的路，一步步地靠近成功，而不是什么都还没尝试，就被未知的一切吓得丢了胆量。

要知道，未来怎么样，很大程度上是由现在的你决定。一棵小小的树苗，只要经受住风雨的洗礼，有一天才可以长成一棵参天大树；一朵小小的花苞，离开温室的庇护，才能迎来一片旺盛的绚烂。

"其实地上本没有路，走的人多了，也便成了路。"而人活着，就是要勇敢地走别人没走过的路，学会勇敢地把握住当下。

当你稳定了心态，默默地朝着既定的目标去努力，就会发现，你所奢求的安全感，正一点点向你靠过来。

永远不要轻易把梦想寄托在别人的身上，未来就在你的手中。很多年以后，当你回首往事时，一定会觉得：在那些流逝的时光里，唯一能让你感到骄傲和自豪的，就是你曾稳稳地把握住了当下，昂首挺胸用力走过自己的人生。

与其担心未来，不如现在好好努力。

6. 我们全力以赴走在路上

> 你想选择过什么样的人生，就要付出什么样的
> 努力。

每天下班，我都要坐一个多小时的地铁，再步行十几分钟才能到家。一路上受到拥挤的折磨，再加上一整天的工作，让我到家时都直接瘫在了床上，动都不想动一下，有时候连晚饭都不想吃。

我猜想很多人都会和我有同样的感受。

身处北京这样的大城市着实不易，每天要忍受各种各样的麻烦，每天天不亮就要起床，晚上很晚了才能回到只放得下一张床的租来的房间，怎么可能不辛苦？怎么可能还有精力做别的事情？

我们自以为已经非常努力了，机会来到身边时却依旧抓不住——工作好几年，依旧连个卫生间都买不起。看着身边的同事、朋友一步一个脚印越走越远，心里不由得慌了起来。

其实，你之所以心慌，并不是因为你不如他们，而是你终于意识到，你根本没有他们努力，你没有为自己竭尽全力。

每天早晨，当你匆匆忙忙在将要迟到的那一刻跨进公司的时候，你有没有想过，有些同事早已经开始工作很长时间了？在你每天晚上回到家的时候，你有没有想过，这时候你的朋友有可能还在公司加着班？甚至在坐地铁的时候，你在看着娱乐节目、打着游戏，而坐在旁边的人却在看着书、背着单词、听着讲座。

你觉得自己足够努力了，其实你只是看上去很努力而已；你之所以没有成功，其实只是因为你并未最大限度的发挥自己的才能。

我是个相对沉闷的人，一般从来不主动与别人打招呼，除了工作关系以外，也很少结识陌生人。

与 H 是在去年辞职之后认识的。

那时候我正在做着考研究生的春秋大梦，很多事情不是很了解，于是加了一个考研群，想咨询一些事情。H 就适时地出现了，互相加了好友之后，我们聊了几次就像是老朋友一样了。我接触网络也有很多年了，而他几乎是我到现在为止认识的唯一一个陌生人。

有一天晚上，我看不进书，心里憋闷，想找人倾诉一下，又不想让周围的人知道，便厚着脸皮打扰了他。听完我无病呻吟后，他跟我讲了他的一些事情。

他出生在广西的一个小山村，到最近的城市来回也要四五个小时——先骑十几分钟自行车到山口的公路旁，再坐半个多小时的公交车到镇上，到镇上之后再坐一个小时左右的公交车才能到达市里。

他是家中老大，还有一个弟弟和妹妹，从小家里就很穷，所有的收入都来自于家里那十几亩山地和父亲平时打猎、采药材卖的钱。

说到这，他给我发了一个害羞和冷汗的表情，说："记得小时候，有好几次我跟着妈妈到邻居家里去借米。当时感觉不到什么，懂事之后每次想起我妈难堪的表情和邻居趾高气扬的神态，总有种说不出来的辛酸。

"大了一点后上了小学，爸妈识字不多，每天还要下地干活，学习只能靠我自己。那时候也不知道哪来的自觉性，反正就觉得学习是件非常好的事情，所以我基本上把所有的时间都用在了学习上。

"听我妈说，有时候我说梦话还想着学习呢，一度认为我癔症了。以前那些小伙伴见我天天课本不离手，都觉得我是个怪人，也不愿意和我玩了，正好我也落得清静自在。"

小升初的时候，他以全班第一的成绩考到了镇上最好的中学。镇子离他家很远，只能住校。为了省钱，他一个月才回家一次。周六的时候，他爸会将打来的野鸡、野鸭和采来的药材拿到镇上卖，顺便给他带来接下来一周的粮食——几斤米和腌制的小菜。

上了初中，他看到了很多以前没有看过的东西，知道要想改变自己的命运，就要更加刻苦地学习。所以，当别的同学都在玩耍甚至谈恋爱的时候，学习永远都是他唯一的事情。

为了节省家里的开支，从初一下学期开始，他就想办法去做兼职，可那时镇上哪需要什么兼职啊？

在学校门口开小商店的老大爷看他家庭困难又刻苦、上进，就让他每个星期天过来帮忙，一天五块钱。这让他求之不得，要知道，那时候他一天才花六角钱——吃饭五角、打开水一角。

初中时，他依旧没有什么朋友，开始时他有点自卑，他第一次知道原来人与人之间的差距这么大。当然，这种差距更多的是物质条件上的，可即便是智商方面，他也并不比别人强——他稍微松懈一点，学习成绩就会下滑。

有人说，人与人之间智商的差距并不大，也许这句话是对的。可就这点差距所产生的影响有可能大到难以想象，所幸我们有办法弥补这种差距，那就是付出比别人多得多的努力。

从初中到高中，他在这样的环境中生活了六年，最大的收获就是考上了一所二本的医科大学。可是，家里却连学费都凑不齐，最后，他是申请了助学贷款才上了学。

然而，从进入学校的第一天起，他就面临了活下去的难题——那时候他全身上下就剩下两百块钱了。所以，当很多同学都还陶醉在刚上大学的兴奋中时，他却迫不及待地做起兼职来。

他的生活并没有太多改变，依旧是除了上课就是兼职，这些年来他也习惯了。

室友窝在宿舍打游戏的时候，他在实验室里做实验，和各种器官接触着；同学忙着谈恋爱的时候，他正在送餐的路上；别人在酒吧、KTV 里纵情欢乐的时候，他在图书馆看书直至关门；其他人正在悠然自得地逛商场逛超市的时候，他正在某个天桥摆着地摊……这就是他的全部生活。

五年的努力，终于让他在离开校园的时候还完了所有的贷款。大学毕业以后，他跑到海南一家医院做了一名外科实习生，工资不高，除了房租及日常开销，所剩无几。

这点让我很想不明白，按理说，他那所学校虽然不出名，但是毕业后在他老家小县城最好的医院里找份工作还是没问题的。

医生这份职业，绝对可以让他在那里的生活过得相对优越了——工作个几年，贷款买套房子，他也不需要像以前那么辛苦了，还可以把他辛劳一辈子的父母接过来一起住。

他看到我的疑问后，反问我："你以前那份工作不错，你为什么辞职？"

好吧，虽然我们所处的环境不一样，但我们都还没有最终被生活打败，即使经历过很多的困难，还是希望能给自己的人生带来多一点不一样的东西。

他说，他害怕自己陷入那种安逸的生活之后不想再去奋斗，才会跑这么远到这边工作，他需要让自己保持那种生活给予他的疼痛感。

更加令我想不明白的是，一年实习期结束之后，医院打算正式聘用他，待遇比实习时候至少要高一倍，可是他却拒绝了，然后离开那家医院选择了北漂，在一家医疗器械公司做起了销售。

我实在理解不了他在玩什么花样，总之他总有自己的理由。

他有扎实专业的知识，又愿意吃苦，做起医疗器械销售来倒也得心应手。没用几个月，他的业绩就超过了公司的大部分同事，收入也跨入了五位数的行列。可他还是不知足，干了两年之后，他又一次辞去了这份让我看着都眼红的工作，和一个朋友到一个二线城市开了一家心理诊所——原来他是用这两年的时间拿到了心理咨询师证书。

和他认识的时候，他的心理诊所刚刚成立不久。

听完他的这番话，我不禁又纳闷了，首先我加的那个群是中文专业的考研群，其次他的心理诊所刚刚成立，哪有时间考研啊？

他嘿嘿一笑说，文学一直以来都是他的一个梦想，原以为当老板就有自己的自由时间参加考研了，谁知道诊所刚成立，各种琐事太多，根本脱不了身。

前不久，他给我发信息，说他的心理诊所获得了政府20万元的资助，他一边对诊所的前景信心满满，一边仍在全力进行着考研的准备。

人的一生能经历多少事情？又有多少事情能在我们生命的长河里激起波澜？活了二三十年，到头来也许没有一件事情是让我们刻骨铭心的。我们中的大部分人，都没有真正对自己的人生负责过，或者说没有真正全力以赴过。

有时候，我们所谓的努力付出仅仅是比消极积极一点而已。当然，你依旧可以选择这样活着，貌似在这个偌大的城市里忙碌奔波，其实与碌碌无为相比，这种状态只是让自己看起来很忙而已。

你想选择什么样的人生，就要付出什么样的努力，这是上天对我们最公平的地方。

当你为自己竭尽全力时，你想要的一切自然会纷至沓来。如果它们还没来，你就要反思一下：你真的用尽全力去努力了吗？

7. 世界不曾亏欠每一个努力的人

> 学着不去在意这个世界的看法，你将活得更自在，也将在成就自我的道路上，少那么一些障碍。

不知从何时起，这个世界开始喜欢给人贴标签了。比如：一个 28 岁还没结婚的女青年，大家都会叫她"大龄剩女"；一个家境一般，从乡下进入城市打工的男青年，大家都会叫他"凤凰男"；而一个平日里喜好阅读、音乐、电影的人，大家则喜欢把他们叫做"文艺青年"。

更要命的是，很多提及以上"种类"的文章，大多对其持有贬义——剩女很可悲，凤凰男走哪都被人看不起，至于文艺青年，哼哼，你就作吧。

这个世界是怎么了？似乎每个人都很享受给别人贴标签的感觉，而对于其他人来说，自己也成为某个标签的一分子，被妥妥地放进一个固定的人生模块里。

记得前阵子跟朋友一起去电影院看《黄金时代》，散场之后朋友迫不及待地跟我说："像萧红那么有才华，长得也不差的一个女人，明明可以过相对来说不错的生活，却落得个无依无靠一世飘零，最可恨的是居然几次三番被男人抛弃，这真是……"

另外一位女性朋友立马高声附和："文艺女青年果然作的一手好死（诗）！"

听见这样的话，我暗自笑笑，不再多言。当晚，夜入三更，我却躺在床上辗转难眠。

自1932年，萧红结识萧军——她人生中的第一笔感情孽债起，慢慢梳理她的辛酸历程，直到1942年她因肺结核病逝于香港。这短短的十年，萧红在感情上经历了几场大的波折，因战事不稳四处漂泊，身心俱疲，她却写出了享誉文坛的《呼兰河传》。

但遗憾的是，多数现代人对她的感情经历侃侃相谈、乐此不疲，却鲜有人去关注她同样倾注心血的文学巨著，甚至对此嗤之以鼻。乃至我身边的一些自称文学爱好者的人，在谈起萧红时，也总说她实在太文艺了，甚至把自己的人生都以这种方式断送掉了。

我真想知道，如果萧红知道后辈人习惯更多地以感情经历来评价她这个人，那么她又会怎样看待自己的人生……

之所以这么想，是因为我也很在意别人对自己的看法。

仔细回想，学童时也曾为了得到老师手里的"小红花"，不惜课下主动打扫卫生、帮助同学；升入大学，为了取得一份令人称赞的成绩，不惜投入更多时间学习；进入社会，为了打扮得体受人尊敬，开始学着化妆，看时尚杂志。似乎要有别人的注视，我们才能更愉快地奔向前程。

同样的，不知从什么时候开始，人们很怕在艰苦奋斗的路途中，永远少了所谓观众支持的身影。很长一段时间里，甚至会因为坚持一件事却总得不到回应而怀疑人生，甚至焦虑到失眠，整夜整夜地逼问自己一切有何意义。

也有太多太多的时候，因为身边人反对的声音，而终于默默地放弃了自己一直想要去做的事情。比如旅行，比如换个真正感兴趣的工作。

直到后来，我遇见一个人，姑且把他称为虚吧，因为他给自己起的笔名里，有一个"虚"字。今天，我仍清楚地记着他跟我讲这个名字的由来时，眼神里充满的那种深邃。

虚说："真真假假，人生皆在虚实之间，去做，可能终有一天会实现；不做，梦想也永远只是一个梦——人要先把自己看成一个独立个体，世界才不会将你'归类'。"

虚像谜一样出现在我的生活里。生活在这座节奏紧张的城市，大多数时间我们各自忙各自的生活，极少能有机会聚到一起聊天。

我一直很想多了解虚一点，因为我笃定他是个有故事的人。直到我在他的博客上，翻到一篇文章，写的是他来北京之前，在广东东莞的一段流浪生活。

虚像大部分出生于大西南的人，家境贫寒，父母为了照顾生计常年在外打工，他从小就成了不被生活温暖的"留守儿童"。他随爷爷奶奶生活到 16 岁，终于因为家中没钱供他读书而就此辍学。虚像他的父母一样，背起行囊远走他乡，开始独自谋生。

虚把广东东莞选作人生第一站。这也是他第一次走出大山，他不知道东莞是什么样子，在哪里，只是从爷爷口中打听到了父母在这座城市打工。只可惜爷爷奶奶上了年纪，怎么也记不起父母工作的具体地址。

东莞太繁华了，街道太宽阔了，各种店面、商品琳琅满目。

虚第一次看到如此与众不同的世界，他不知道自己该去哪里，能去哪里。然而坐了 30 多个小时的火车，他早已饥肠辘辘疲惫不堪，只想着能快点找到个愿意"收留"他的地方，好好地吃上一餐饭。

走了几条街道，终于有家电子厂因最近急招工收留了他。这是他的第一份工作，全年无休，不加班的情况下一天工作 12 个工时，月薪 1300 块。为了填饱肚子，他坚持了下来。

虚从小热爱文学创作，下班一有时间就写写文字，买不起纸笔，就用捡来的断粉笔头在周边废弃的墙壁上写。数额不多的工资，除了按月拿出一部分邮寄回老家，剩下的几乎全部买了书籍。

涂涂抹抹中，虚在工厂里一待就是两年。

那时候，一些年纪比他大的流水线工人，总是拿他业余创作这件事嘲笑他："哎！我说你可别写啦，每天上完工累得够呛，你还有闲情写这玩意，要能写出名，你也不至于在这待着啦！"还有一些人说他是"装有文化"，笑他明明大学都没上过，还愣去搞这些个知识分子干的活儿……

但虚从不为所动，尽管那时候他也不确定自己将来一定就能做份相对"高级"的工作，但他还是坚持了下来。

两年后的一天上午，虚走进老板的办公室，把一张字迹工整的"辞职报告"放在老板面前。老板拿起辞职报告扫了一眼，整个房间的气氛开始变得严峻。由于当时并不是"招工季"，老板为了挽留，同意年底多给他一个月的工钱，但虚执意要走。

在他两脚踏出办公室的门槛时，他听到老板在里面歇斯底里的叫喊声："你小子要能找到比这更好的工作，我名字倒过来写！"

之后，虚去了湖南，那有一家杂志社正在招聘编辑，他是从网上得到的消息。像往常一样，他不知道自己能否成功，但还是决定试一试。

没想到，两轮面试过后，虚从一大堆有学历的应聘者中脱颖而出。人事经理拿来合同跟他签字的那一刻，虚还好似在梦中。只是那一刻，他确定相信了，自己的看法比世界对你的看法更为重要。

今天的虚，已经是北京某家大型文化公司的策划经理了。

虚有篇文章这样写道："很多人需要获得别人的肯定、鼓励以及支撑，才有勇气开辟自己的新天地，于是在这条寻找自我、成就自我的道路上，一多半人死在了别人对自己的冷漠、孤立和嘲笑上。"

"但他们却无一例外地忽略了，每个人都是一个独立的个体，有完全独立的思想、观点和对这个世界的理解，只有那些真正相信自己，肯定自己的人，才能顺利绕过世界布下的'分类陷阱'，成为真正想做的人。在这个世界上，除了你自己，没人能知道——你到底行不行！"

虚的故事使我惭愧，他后来问我："你能想象的到吗？按照世俗的看法，我这样一个出生在落后地区、贫困家庭的小孩，命运给我的安排似乎就是早早辍学，老老实实地在底层打工，靠着微薄的薪水艰难地养家糊口——直到耗尽余生……"

"可今天的我通过自己的努力，在这座繁华的一线城市有了自己的房子、车子，甚至可以把爸妈从社会的底层解救出来，接他们到大城市生活。因为我始终都相信，我的人生只有我说了才算，世界怎么看，跟我一点关系都没有。"

是的，人生原本就存在很多的可能性。虽然上天并没给予大多数人优良、富裕的生活条件，但只要努力，你终可以通过扎实的奋斗，一步步获得自己想要的生活。

学着不去在意这个世界的看法，你将活得更自在，也将在成就自我的道路上，少那么一些障碍。

8. 优秀是逼出来的

> 二十多岁就过起了六十岁才该有的人生，该是一件多么恐怖的事啊！

我从小就不信命，所以对妈妈说的什么"人的命，天注定"全然不在乎。反而，我很看重一个人对自我的定义，以及如何提升。

我认为，每个人的命运，只能由自己决定，你要去哪里，你想做什么，你会成为谁，都应该是我们能够做主的事情。为此，从小我骨子里就有一股不服输的勇猛。

是的，我们不能决定自己的先天长相，但完全有能力决定自己的去向。

十一长假，当许久没有回家的我回到老家后，消息不胫而走，竟然有很多久不联系的人，赶来向我打听在大城市生活的情景。

我和以前的同桌聊起我在北京工作时出版过几本书的事情，他非常惊讶地感慨着："曾经，我的梦想也是成为一名作家。"

我记得当年上学时，同桌的语文尤其是作文成绩非常好。高考结束后，同桌的成绩还不错，他的第一志愿原本想要报读中文系，却不料遭到家里人的强烈反对。

他父亲的理由尤其蛮横、主观："你一个男生读文学做什么，上完高中难道还不能识几个字吗？"连母亲也说："学计算机吧，以后肯定能挣钱！"

那个暑假，同桌过得很辛苦，最终，他不想忤逆家人的意愿，学了计算机。

现在，同桌有着优于大多数同学的物质生活，在我们那边的小镇上买了房子，可是到现在一直过得不快乐。或许是心底还执着于写作的梦想，他买了很多小说放在床头，只是每一次捧起，读毕，都会陷入长久的沉默。

他告诉我说，他很后悔当初没有逼父母一把，更没有逼自己一把，否则，他的人生，就算当不成一位著名的作家，至少也不会留有遗憾。

人们都说，电影作为一门艺术，来源于生活却高于生活。起初我并不懂这种"高明"在哪里，现在却有些恍然大悟——电影镜头拍不好，导演可以喊"Cut"，可以重来——

可是人生只有一次，错过了，就是永远的遗憾。就像我的这位同桌，他原本可以成为一名令自己骄傲的作家，如今，却过着并不想要的生活。

不逼自己，就意味着你放弃了最想要走的那条路，放弃了最想要拥有的那种人生。日后就算后悔，很多时候也为时已晚，于事无补了。

我很敬佩那些勇于做自己的人，他们身上有一种"明知山有虎，偏向虎山行"的勇猛精神。或许很多人会说这是不知好歹，可是"知好歹"的人呢？他们没有决定自己人生的能力，完全是听从别人安排的一件摆设。

我以为我的同桌只是一个特例，却没想到，后来我的好几位童年好友，都几乎是用羡慕的语气对我说，真的很羡慕你，可以去大城市生活。

我们曾经一起下河捉过鱼，一起玩游戏，一起逃课到屋外的小山坡捉迷藏，一起度过温暖而有趣的童年时光。那个时候，我以为大家今后一定还会在一起，我最珍视的他们也将变成一个个勇敢的追梦人——可现实却是，只有我过着自己一手决定的生活，然后听着他们无尽抱憾的忏悔。

时光呼啸而过，你已经长大成熟，而当初的愿望都实现了吗？再看看自己的人生。当初并没有人笃定我去了大城

第一辑　做自己的摆渡人 〉〉〉

市，就一定能够实现心中的理想——当年，我也只是一个刚走出大学校门的青涩学生。

犹记得第一次看到高楼大厦、车水马龙；犹记得顶着烈日在陌生的办公楼里一次次面试，碰壁；犹记得最穷的时候，口袋里只剩下五角钱，饿得四肢无力却吃不起路边的一个烧饼；犹记得因为没钱交房租，刮大风的黑夜迫不得已睡在一处破败的天桥下……

曾经有很多个时刻，我也以为自己撑不下去了，会在某个关口倒下，但我心里从未真正放弃。那个时候没有太多的励志故事，只有骨血里的一份坚强——我最终逼了自己一把，一把又一把，现在，我成功地留在了这座大城市。

我知道，以后的路还很漫长，我唯有变得更加优秀，才能在这里找到更多的归属感。

我不会轻易放弃！

最令我感到开心的是，通过自己的努力留在这座城市生活，我遇到了很多同我一样对未来充满信心的年轻人。大家志同道合，背负着一样了不起的梦想。而他们之所以也能留在这里，正是凭着那股不服输的劲头，那种肯逼自己一把的魄力。

不逼自己一把，你永远不知道自己可以成为谁，能够过上怎样的生活。那些拥有我们所艳羡的人生的人，也一定不是简简单单就得到了。

我也坚信，每个人的心中都有一束光明，只要你坚持着，不惧风雨，这束光明定会照亮你的前程。当你努力过了，就会明白：通往幸福的道路其实只有一条，它需要你的勇气，坚定，执着。

那些没能成功的人，一定是选择并习惯将自己留在所谓的"舒适区"：当他们为了每个月的死工资随意去上个班，或者在二十出头的好年纪就迫不及待走进看似稳定的婚姻家庭时，未来便已经没有什么新鲜和挑战可言了。

二十多岁就过起了六十岁才该有的人生，该是一件多么恐怖的事啊！

记住，梦想都是被逼出来的，人活着就不应该小看自己。为了你所能遇见的最好人生，遇到困难时，不妨学着逼自己一把。

第 二 辑
你的人生终将闪耀

1. 最怕你一生碌碌无为，还安慰自己平凡可贵

2. 努力，是为了可以选择

3. 所有的奋斗都是一种不甘平凡

4. 你不拼搏，谁也给不了你想要的生活

5. 我不过低配的人生

6. 精进自己，成为一个厉害的人

7. 你只是看起来很努力

8. 你的人生终将闪耀

1. 最怕你一生碌碌无为，还安慰自己平凡可贵

> 从现在开始，找到你喜欢并擅长的事，尽最大的努力去坚持。我想，总有一天你会等到更好的机会。

一天下午，我在朋友圈发了几张车的照片，顺便题了三个字：新座驾。

几分钟之内，几乎三分之二的好友在下面留了言：

"买车了？"

"恭喜恭喜！"

"什么情况？中彩票了？"

"车很帅啊！"

……

但是，他们却都没注意到我发的第二张照片，车正前方的挡风玻璃上，隐隐约约地映射出的那一张淡淡的标记："冀"。试问我身在北京，又怎么会拥有一块标着河北简称

车牌的车？可见都是一群多么没脑子的人。对，还都很势利，功利得很啊！

作为一个想要靠文字吃饭的人（虽然至今也未能实现），我一直很努力地练习写作，曾经差点因为朋友的一句"当作家是需要天赋的，而你没有"选择彻底跟这项伟大的事业Say Byebye。

但我向来也是不服输的，回忆小时候也曾因为数学成绩偏科，而受到班主任老师的批评，以及全班同学的"集体围观"。最后在我牺牲掉几乎半年的假期之后，终于将分数挂到了及格线，为自己挽回了些脸面。

对于写作，我以为同样如此。大不了我再牺牲几年业余时间，花点钱买批中外名著好好地研习一番！于是，就这样又死皮赖脸地坚持了下来。

但是，几乎保持着每日更新的速度，文章却从未有超过一百人阅读——唉，看着访问数量几天都没有增加一个，我不由得替自己发愁："难道我的文学之路即将止步于此吗？难道我写的文章就如此的微不足道，甚至连一朵小小的浪花都激荡不起吗？"

寒心之余，再想一想，似乎也能对这样的现象深表理解。

"强强联手"这个词我相信谁都不会陌生，然而为什么会出现这样的现象，却很值得我们深思。就如同人类的本能是趋利避害，人们对成功的渴望，也使大家崇拜强者，而对弱者（身体残疾、智障的人除外）抱有一定的鄙夷——举个很简单的例子来说，90%的女生找对象都不想找比自己实力弱的男生就是这个道理。

强者会对弱者产生同情，但自身的那些优越感却也是来自于后者。或许在与弱者对视时，强者心里的潜台词会是："看哪，这个人真的好差劲。"

人类本身，就具备一定的功利性。为什么，在你伤心难过的时候，甚至很想找个倾诉对象聊聊心事时，却很少有人想要倾听和靠近？站在事实上说，此时的你是脆弱的，非常需要别人的关爱和保护。

人们应该同情弱者，而你的那些所谓亲人和朋友则更应该对此深表关心。然而，真实的情况是：他们忙着照看自己的孩子，等着看一直在追的韩剧，预备着梳妆打扮后去逛街买心仪的包包……而且你发现，大家是那么厌恶听到你的抱怨，面对你的伤心和痛哭流涕，他们也只是简单地安慰一句——别哭了，明天又是一条好汉！

好！好汉！

你在这边已经心疼得要死掉了，可他们却把你当成是负能量，恨不能早早地排掉！

之前，网络上还曾有过一大批关于弹劾"负能量"的帖子，一夜之间，每个人都写着自己对负能量的仇视，似乎每个人都积极得跟打了鸡血一样，正能量到爆棚。

其实，人们这种反感负能量的心理，往往存在着一种对弱者的"看不起"。

不知道从什么时候开始，我明明很难过，却不敢再在任何有朋友、家人能看到的地方，发布一条自己的真实情况——怕他们中的一些人会真的担心我。

曾经，也想要把自己的余生活出一种简单通透的模样，想哭就哭，想笑就笑。然而，一种所谓"成熟的标准"使我不敢这样放肆——成熟就意味着，你要收起自己的孩子气，有泪不能流，有委屈不能诉，所有压力都要学会自己承受，默默地释放、消化，然后让自己变得更大、更强。

是的，在你的身体之外，整个世界已经功利成这般模样了。回到家里即便一年都不出门，也会从父母的嘴里知道，谁谁又买了房子、车子。听他们的口气，完全是羡慕到了极点。

那么你呢？

以前在学校时你踌躇满志，想着等自己毕业后就可以摩拳擦掌大展宏图，却不曾想这个社会冷酷和现实到——如果你只剩下一条内裤，今天不洗明天就没得穿。

老人们常说："是骡子是马，拉出去遛遛。"而你腹中有多少墨水和才华，自然会有相应的真金白银来衡量。

但我却想说，虽然这个社会处处充满了功利，但我们还是要学着去喜欢它。

至少，你的每一滴汗水，都能清晰地用金钱作为回报（嫌自己月薪低的，从现在开始抓紧投资、学习）。

你的赚钱能力，在很大程度上折射出你目前的个人能力，这让那些不满足于现状的人，清楚地认知到自身的不足，从而努力，从而开始痛下决心做出改变。

且不说我们总得为漫长的一生做出些什么贡献，就是今晚想吃一碗打卤面都要现去市场买菜，然后热锅倒油炒上一番。但仔细想想，这个功利性社会的背后，还是有很多优点的。

对于搞创作的人来说，功利性的社会告诉你，如果你的稿件连续多次投递，最终都是石沉大海，那就证明你的写作能力是有问题的；在一些行业，如果你付出后没有达到预想中的成功，起码你会知道这个行业的游戏规则。

如果你想要成功，获得掌声和荣誉，就必须要根据行业的规则，来调整自己的行为，写市场和编辑青睐的文字，做公司老板看重的设计。不服气的，就拿你的作品说话——实力是不会撒谎的。

之前网上曾有帖子讨论："在今天的社会，人才究竟会不会被埋没？"

我的看法是，一定不会。现在互联网这么发达，如果你真的写得一手好文章，靠各大媒体的转载和曝光，你也一定能被大众知晓。反过来，你始终籍籍无名，也只能说明你的实力还不够。

就像我们去面试和应聘一个岗位，现在很多老板只需大概浏览下你的履历，几乎就能在心里估算出你可以给公司带来的市场价值。特别在一些大城市，大部分用人单位还是要用奖项和实力说话的。

但最重要的是，功利性的背后，是它承认了你的努力。

功利性的社会告诉你的是，想要什么，就先增强自己的实力，让自己变得强大起来。不要怪"很多人只关心你飞得高不高，很少人关心你飞得累不累"，当你没能力证明自己的时候，大概连你自己都只关心飞得高不高吧。

虽然我们都知道，要别人满意不是那么容易的事情，可是，不正是因为这样才要逼自己一把，去看看到底能创造出多少社会价值吗？

渐渐地，当你开始取得一些成绩，有不少行业领域的人会主动过来挖你。你应该为自己感到开心，至少你的努力将你带到了一个全新的位置，市场变得需要你，大家需要你，而你自己也有一些价值了，不是吗？

　　我很欣赏工作中的一些朋友，经过自己的不懈努力，能力过人，成绩卓著，自然会有更好的机会找到他们，给他们更优厚的报酬。这说明，他们在不断打磨自己，待到闪闪发光，机会自然会来。

　　从现在开始，找到你喜欢并擅长的事，尽最大的努力去坚持。我想，总有一天你会等到更好的机会。

　　回到最开始，关于朋友圈里的那辆车，真相是朋友买的。但是看到大家对"我有车"之后的反应，我就知道，在不久的将来，我肯定能有一辆比它更酷炫的。

　　我有信心。

2. 努力，是为了可以选择

> 我们不能凡事都指望别人为我们喝彩，所以哪怕跌倒，也要坚强地爬起来。

有次周末逛街，我在路上偶遇到多年不见的朋友小玉，欣喜之余发现大家刚好都有时间，就相约一起到附近的咖啡馆坐坐，聊聊家常。

因为许久没见面，在这座硕大的城市突然遇到一个相识的旧人，内心自然十分的欢喜。我看小玉微笑着的样子，想必她心里也是同样的想法。

坐定，聊了一二十分钟我才想起，去年这个时候她是给我打过一个电话的，说自己可能要结婚了。想到这里，我笑着问她："怎么样，蜜月应该过了吧？"

没想到，小玉没有马上回答我，等我抬头再看，却发现她的眉尖似乎印刻着一道乌云。"没有。"小玉回答我说，"我跟他分手了。"

顿时，我们两个都不再说话，咖啡馆周遭的气氛也开始变得有些尴尬。怎么会呢？我心里感到疑问。在我的印象里，小玉是一个一直对未来有规划的人。

记得当初在同一家公司工作，有很长一段时间公司经营出了些问题。正在我犹豫着要不要找家新公司去上班时，小玉以迅雷不及掩耳的速度，换到了另外一家公司。半年后，她竟然还凭着自己的努力，坐上了部门主管。

生活里，她对衣食住行等一切方面也都有着严格的计划，什么时间该吃什么，吃多少，都有非常精确的要求。

我们都说她简直像个自虐狂，哪像我们想吃什么就吃什么，想吃多少就吃多少——人生简直像骑马，纵横驰骋。所以她宣布的消息，一定都是经过深思熟虑的，若非是有非常重大的变故，一般不会发生改变。

想到这里，我不禁想要问问她分手的具体缘由，可又觉得这么久不见，一上来就打听人家的私事，毕竟不妥。没想到，小玉自己主动说明了原委。

原来，小玉跟男朋友的事业都处在发展中。公司领导很器重她，正好公司有个部门经理的职位空缺，领导私下找她谈过话，非常希望她能再努力努力，争取拿到这个职位。

男友之前跟大学同学合伙成立了一家小影视公司，随着近两年网剧的爆红，逐渐开始走上正轨，眼下正需要他再接再厉多努力一把。

与此同时，结婚被两家父母提上日程，毕竟他俩的年纪不小了，家人想要他们结婚后赶紧能有个孩子。这就与小玉的人生规划相违背了。她跟男朋友说，目前她暂时没有生子的打算，她想等靠自己的能力在这座城市买下房子再说。

争吵了两个多月，两个人都有些疲了，累了。

小玉也是在这时候才意识到，男朋友其实是那种有些大男子主义的人，不希望结婚以后自己的太太还在外面抛头露面。偏偏她最看重的，除了家人，就是自己的事业。

他很气愤地质问小玉："难道我不算是你的家人吗？"小玉回答不上来，委屈地掉了一夜的眼泪。最终，他们分手了。

故事讲完了。小玉告诉我说："原本以为两个人在一起最难的是相爱，却没想到真正难的，是相处。"她说她根本没想到男友竟然不愿做出丝毫的妥协。

我问她："后悔吗？"

小玉笑着摇摇头，告诉我说她现在挺好的。虽然最终还是因为一点小小的失误，与部门经理的职位失之交臂，但毕竟自己为此努力地争取过，也就没有遗憾。

她说，以前他们相处的时候，大事小情他不管什么总是让着她的；每当她在公司取得了一点进步和成绩，他也总会主动下厨烧制一桌拿手好菜为她庆祝。只是不知道在何时，他们对人生的规划竟出现了这样大的偏差。

直到这个时候，她才恍然大悟：不能总指望别人为自己加油、喝彩，哪怕是有了相爱的另一半，你的人生仍然是一个人在闯荡，无论是欢喜、忧愁，所有的事说到底还是要靠自己承担。

小玉的这番话使我陷入了深思。

记得曾经，我也有过一个凡事处处忍让和包容我的男友。四年过去，我没想到他的这份包容和体贴换来的不是我同等的对待，却是我的变本加厉，以至于对方因无法忍受我的霸道，抽身离去。

太多的依赖，使我变成了一个万分矫情的女子，也变成了一个脆弱到一阵风都能轻易吹倒的纸人。

当一个人发现自己已然变得不再像自己，而身边那个过去曾一直携手陪伴的人又突然离去，世上还有比这种事更让人感到悲哀和绝望的吗？

有段时间我住在城郊的某个村落。当时正值冬季，前几天刚刚下过一场大雪，屋外是天寒地冻的世界。

某天周末早晨出门，我在废弃的墙边看到了一只通体黄色的小猫咪。它全身都脏兮兮的，胡须上还沾染了一点污秽，看样子是只流浪猫。

很多流浪猫都很怕人，可能与它们曾遭受过人类的殴打有关。可是当我走近这只小猫时，它却很乖地低下头，闻了闻我的手，然后静静地站在原地望着我。那是一双非常纯净的水蓝色眼睛。

我曾在网上看过一个帖子，说很多流浪动物因为饥饿，会很容易就死在冬天。想到这只小猫咪很有可能也将遭遇此厄运，我便将它抱起，抱到了我有暖气的房间。然后上街去买了点猫粮，又拿出一个废弃的小铁盒，盛了些干净的水放在地上。

屋子里，电脑桌前有一把非常舒服的转椅。渐渐地，猫咪吃饱喝足以后就跳上转椅，打着盹。这样的状态持续了好些天，直到一场大雪再次降临。

小猫咪好像习惯了这样的生活，每天不定点地过来找我。只是因为它没有时间概念，所以有时我正要锁门去上班，却看到它蹲在楼前的一棵树上等着我；有时我下班回到家，想叫它来屋里取暖，却整个院子都找不到它的踪迹。

一个月后，它已经被我惯的每天很少出房间了。屋子里的暖气没有多热，却怎么也好过外面零下几度的寒冷。于是，我很担心，假如它偏巧赶在我要去上班的时候来找我，我该要如何安置它呢？

就像猫咪一样，人也是不能被过分保护的。

过分的保护，时间一长，别人会以为你只是个需要奶娘的小孩；而对于你自己来说，一旦某天失去某人的保护，你便会觉得世间犹如地狱，自己就是那朵被小王子抛弃的玫瑰，这是最让人痛心的。

其实，看看周围，谁的生活都不那么容易。生活在这座大城市的人们，都有着同你一样的烦恼：交通太堵，消费太高，房贷简直是噩梦，甚至每天做的工作也未必就是真心喜欢的。

但是，这又能怎样？别人也一样马不停蹄地朝着梦想努力，或许他曾抱怨、伤心、无奈，但这些原本就是生活的真相。没有人能在你失意时及时送去关心，也不会有人在你春风得意时，就刚巧做了一桌好菜打电话约你庆祝。

学会接纳生命所赋予的一切，是我们学会成长的第一步。既然已经选择了前方，就无畏风雨兼程。

《我是演说家》中有位参赛者演讲了关于他与兄弟之间的一个故事。他们曾为共同的事业和理想一起打拼，却因为太忙，太累，太辛苦，导致彼此即使生活在同一个城市，却最终七年都未曾见过一面。

尽管那阵子，每次两人通电话时，他也曾隐隐感觉兄弟似乎有许多心里话想要告诉他，却总以工作太忙，等有时间可以再聚为借口安慰自己，终于没有主动问候一声。

结果，几个月以后他的这位好兄弟跳楼自杀了。他的选择或许有些极端，但毕竟我们不是他，永远不会知道跳楼前的一刻，他的内心承受了怎样的压力——只是想说，如果他能再独立一些，再开朗一些，就算没有朋友的鼓励，他也一定可以靠自己化险为夷。

毕竟，我们只是一群奋斗在底层的小人物，但小人物也有小人物的喜怒哀乐。我们不能凡事都指望别人为我们喝彩，所以哪怕跌倒，也要坚强地爬起来。

不要觉得一件事得不到回应就是失败的，而要相信，只要你足够热情，足够坚持，你所喜欢的也一定会反过来拥抱你。

默默地奋斗，别总指望有人为你喝彩，是每一个人应有的品质。愿我们都能长大，学着一个人扛起生活的重担。当你走过荆棘，迎来掌声，终会明白："一个人也可以是千军万马。"

3. 所有的奋斗都是一种不甘平凡

> 别去盲目相信那些虚假而夸大的激励，因为励志名句是针对所有人的，而找到只属于、适合你的，才是最重要的。

这个世界上，有谁是真正想要当个无用之人的吗？这个问题我没有广撒网式地问过，但就我对人性的一点点了解，我相信：没有人真的愿意自甘堕落。

尝试过的"得不到"和从未尝试过的"得不到"，有着本质上的区别。

男朋友经常跟我炫耀说："其实我特别喜欢加完班以后，全身热出汗水的那种感觉。有时就算累到一抬头感觉整个天空都有些晕眩，起码我在清醒的那一刻，非常清楚地知道，我的生命是在运动，我的汗水是为自己和未来的幸福而流。"

最起码，我认识的几个朋友中，真的没有几个人是习惯于每天吃了睡、睡了吃，不管有没有一份合适的工作，都会特别开心。甚至他们中的几个人，还相当反对做一份自己不喜欢的工作，哪怕这份工作能为他带来一笔比较可观的薪水。

说白了，我们这些人也算不得是追求自我的人。真正追求自我的人，想必根本不爱这种所谓世俗的生活吧？

在我看来，反正他们是属于真正的特立独行——不甘心在一个公司做着一份没前途的工作，哪怕这份职位已经给了比较满意的薪水；不甘心就这样当个上班族，年复一年白白浪费自己的青春年华。突然发现，大家有那么多不甘心的事情。

我知道，你并不甘心做个对社会无用的人，你并不甘心只拥有这样平淡无奇的人生——同样是在影视公司工作，有时候我也会问自己：为什么参与制作那些大电影项目的人不是我？

如果你也遇到这样的困惑，我建议你去智联招聘翻翻各大公司的招聘要求，等看到招聘信息，或许所有的问题都会有了答案。

很多人找不到中意的工作，或有很多人找不到合适的对象，他们往往最大的疑惑就是：我不差啊，可为什么结果却是这样的呢？

那么请问，你是真的不差吗？

曾有一个老乡晓宇，在一个闷热的傍晚打电话约我出去喝酒。听他在电话里的口气，似乎是遇到了什么难事。

出门打车，当我见到晓宇的时候，他已经端坐在餐厅的桌前。

"你说我怎么就找不到女朋友呢？"晓宇打开一瓶啤酒，仰脖猛地灌了一口说，"过年在家的时候，我爸就扯着嗓子跟我下了最后通牒，说无论如何今年一定要带个女朋友回家，最好能马上结婚！"

"我就纳闷了，结婚又不是兜里揣着钱去超市买东西，怎么能说结就结呢？"然后，他又灌了一大口酒，"我也没觉得自己哪差啊，怎么介绍一个黄一个，眼看马上又要过年了，我怎么回家呢？"

我真不知道该怎么安慰他。比较尴尬的是，作为一个异性同乡，我也是在家里大人的安排下以相亲的形式认识了这位老乡。

按照我的审美来说，晓宇其实是长得比较端正的，算不上难看的那种人，但是也没有到那种令人心动的地步；个性上嘛，虽然没有什么不良的喜好，但只是热衷爬山、游泳之类很常见的活动，中规中矩，并不怎么吸引人。

但我不知道，其他女孩子是不是跟我有一样的想法。很多时候，女生或许是比较排斥中规中矩的人，因为会觉得这样的人没有太多乐趣，跟这样的人在一起，生活想必也没有太多的热情。

就在我陷入沉思的片刻，晓宇很激动地感慨了一句："怎么以前从来就没觉得自己这么差呢！连一个喜欢我的姑娘都没有、都没有、都没有！"然后就是一连串的唉声叹气。

是的，我知道你并不甘心沦为一个无用的人，不管是对于社会，还是对于家庭。这个现实的社会，终会通过一些事实，让你看清自己在这个世界的位置。当遇到这样的打击，人应该做的不是陷入自责，而是尽快地调整心情，让自己去尝试一些不同的改变。

突然，晓宇似乎是喝得有些微醉，眼神直勾勾地盯着我问道："说说吧，你当初是哪里看不上我了？我觉得自己人挺好的呀！"

他这一问，我倒是有些愣住了，断断续续地回："没有没有，或许是感觉还没到吧，也或许就是没有缘分。"

看着他不接话，为避免尴尬，我只好硬着头皮继续回答："其实我们能认识也是一种缘分吧，你看这么大的城市，你不开心的时候，还是可以一个电话就把我叫出来一起喝酒。"

这回换他愣住了："怎么，你也有伤心难过的事情？"

我笑笑回说："这话说的，伤心难过的事情谁没有呢？我也只是一个普普通通奋斗在社会底层的小姑娘而已。"

"说说看，你遇到了什么伤心事。"此时此刻，晓宇倒忘记了自己的悲哀，反而对我的心事有了兴趣。

"也没什么，就是公司里的一些烦心事。"我也仰头喝了一口酒，开始跟他聊起我的故事。

本质上，我俩的困惑还是一致的。

我在现在的公司上班三年，虽然算不上是资格最老的员工，却也是一步步跟随着公司的发展一点点走到了今天。去年的年终奖大会上，部门经理颁发优秀员工的奖项。当时我心情忐忑地一直等他口中念出那个我再熟悉不过的名字，却不曾想最后还是竹篮子打水一场空。

那天年会结束后，我很伤心，我想不明白为什么自己这几年来对待工作也算尽心尽力，就算没有功劳也有苦劳，可是表彰大会上却没有我的名字？

是的，我觉得按照我为公司付出的三年时光以及各种努力，本应完全有资格获得领导的一份认可。是的，我一直认为自己是个不差的人，至少不是一个无用的人。后来，待心情平静后，我开始思考一些比较深刻的问题。

记得以前我看过太多的"鸡汤文"，有的说"相信自己，你的能力超乎你的想象"；有的说"很多事并不是你不能，而是你不想"，等等，说的好像天下的事只要一个人肯干，就没有做不成的道理。

可是这些年，越来越多的社会经历让我开始认清真相——人并非是万能的，很多事就算你真的尽力了，也可能真的做不到。比如，你能保证在有生之年靠自己的能力买上一辆兰博基尼吗？你能保证在自己努力后，跟马云坐在同张桌子上吃饭吗？你能靠自己的力量走遍全世界吗？

大多数人甚至无法靠自己的工资，在一座城市买下房子，娶妻生子。现实就是，你能做的事情真的是少之又少。

所以，从现在开始，别去盲目相信那些虚假而夸大的激励，因为励志名句是针对所有人的，而找到只属于、适合你的，才是最重要的。

4. 你不拼搏，谁也给不了你想要的生活

> 不是说努力就一定都会有好结果，只是真正的
> 努力，远比你现在所做到的，多很多。

仔细想想，我来北京不仅仅是为了奋斗的。当然，生活更谈不上。这七年，我在北京的感受分为两个阶段：头三年觉得到处新鲜，充满干劲；后四年觉得压力超大，哪哪都差。

生活，似乎变得没有什么幸福可言。我一直以为是这座一线城市的问题：交通拥堵，污染严重，房价超标，人口膨胀。直到昨天我看了"知乎"上的一篇帖子，回头仔细想想我这几年所过的生活，才明白原来这是我自己的问题。

帖子上面说，要想真正地留在北京，具体是指要在北京的生活有保障，有幸福指数，需要满足三个条件：拥有北京户口；租间大房子；住处离单位近。

我仔细想了想没有这些东西的后果，才发现——一个真

正决心奋斗的人，绝不允许自己住的地方离公司太远，甚至是远。

北京的交通是出了名的拥堵。在上班路上因交通堵塞而浪费的时间姑且不说，这中间饱含的焦虑、抓狂，通常使人崩溃甚至麻木。光是想想，整个人精神状态就很不好了，哪还有什么精神去奋斗！

而且，既然是奋斗，就意味着你的生活质量乃至状态，是要逐年提升的。打个比方说，刚毕业来北京的头三年是积累工作经验的阶段，薪资微薄、变动不大也属正常。如果三五年后薪水达到月入一万且始终如此，那就不是奋斗的结果了。

有的朋友在这个城市工作几年，逐渐开始走进月入一万的行列，这是好事。但想要在这里开花结果，以后几年千万不能还是这个数哦！至少，也得月入三五万为妥——因为没有房子，你将长期依赖租房生活。随着你年龄的增长，可供奋斗的时间越来越少，更别说女性还要结婚生子，承担大部分照顾家庭的责任。

北京户口，可以对一个人的生活状态起到决定性作用。买车、买房、孩子升学等福利，不是每一个北漂的人都能享受到的。这个问题，我因为没有细究，所以暂且也没法在此一一赘述。只是刚来北京的时候，就曾见识过一个亲戚为了给孩子上北京户口，费了多少周折最终也没达成。

最后，哪怕是租房，租个大一点的房子，至少别一看就是屌丝生活的小单间。小单间，撑死 20 来平方米，标配：一张床，一张桌子，一把凳子。好一点的带个小卫生间，可以对付下洗澡。

我知道。没有人不喜欢阳光通透的大房子，落地窗大衣柜什么的就不说了，至少你每次逛街买回的衣服要有地放。也别忘了，住宿环境对一个人的生活品质的影响，谁不想工作累了一天，晚上回到家能有个温馨的好梦。

然而，小单间实现不了这些。在一个逼仄的小空间站着，躺着，趴着，你的心也是蜷缩的，放不开。

我的很多朋友给我的感觉是，来北京并非单纯为了奋斗——去个咖啡馆，拍一张照片上传朋友圈，博得大家羡慕的眼光点个赞。

你以为你是享受到了大北京免费的好配置，花一杯咖啡的价钱，购买了高富帅的现场体验吗？更常见的是，大家周末聚餐，或是火锅盛宴，或是西式牛排，在一片祥瑞下觥筹交错彼此安慰与麻醉，你以为这样的聚会很高大上吗？

真正奋斗的人，好像应该是踽踽独行不问前程的吧？

或许，我们这样的人，只是在北京浪掷下这段最美好的年华，日后只能带着无奈退回到三线家乡小镇，以一种自嘲者的身份安慰自己说：没事没事，你至少努力过。

可你真的努力过吗？用现下很流行的一句话来说：你只是看上去很努力。

不是说努力就一定都会有好结果，只是真正的努力，远比你现在所做到的，多很多。也许在那些真正奋斗的人眼里，北京并没有那么苦吧？因为他们每时每刻都在朝着梦想冲刺，忙碌只会让他们感到生活的充实。

所有的一切，也不是汪峰歌里唱的那么心酸。《北京，北京》之所以能够引起广大朋友的共鸣，只因为在这里失败的人毕竟更多，它好像就是唱给失败者听的歌。但你不能说，北京残酷到从未给你机会——真相只是，你不给自己机会。

想一想，我这么多年真的没有在这里奋斗过。我只是很努力地适应眼下的生活，并且尝试在最短的时间内，寻到一个合理的结果。

但这可能吗？我只是随意地走走停停，最后暂时把自己寄居在了此处，任性地活着。

奋斗的人，怎么会不早起，怎会不知道自己的目标在哪里，怎会甘心随意地生活？最后，如果你看到这篇文章，如果你也恰好在北京，那么也请你顺便想想自己来这里，究竟是为了什么。

11月初下了第一场雪，然后又下了第二场，第三场，转眼又是很大的、雪量很足的第四场。

雪景固然很美，可是上班路途遥远。受环境的影响，交通更加不便利，我甚至接连两三周都打不上车。在这样的天气下，早点做打算，搬到公司附近的地方租房是个明智之举。

如果真的想在北京站住脚，而不是只把时间用来对这座城市猎奇，作为年轻人，就务必要对自己的一切早早做个打算。

事实上，真正的猎奇或许只是最初的两三年，等把你的耐心耗尽，现实给你的，永远是做不完的事情，处理不完的人际关系。而人，毕竟要靠一年一年的成长活下去。如果每年都是老样子，人会很容易怀疑自己的能力。

对于大多数没后台没北京户口的北漂来说，坚持奋斗是个好品质。可是，要坚持也得有底气。如果说北漂注定是一场旷日持久的战争，那么，你要懂得自己的武器是什么，并且把它牢牢地攥紧在手心。

5. 我不过低配的人生

> 人生来就活这一回，要做就做自己的人生主角！

现在是一个流行讲故事的年代，似乎人人都有一段荡气回肠、引人入胜的好故事可以诉说。

在豆瓣上看到的文章，几乎都有着千篇一律的开头——总有人问，为什么来北京？为什么要选择进入如今日薄西山的出版行业……诸如此类的帖子。

我就纳闷了。

这座城市不是号称生活节奏快吗？不是每个人都很忙吗？为什么会有人不断地问作者，为什么这样为什么那样，以及如此多的为什么。

然而，我也生活在这座城市，我也是一个名副其实的北漂，可怎么却从来没有人问过我这些。

现在的年轻人，离开家乡去奋斗只需要一个理由——我不想就此庸碌地度过平凡的一生。那么你来北京之前，真的想清楚愿意为此付出一些代价了吗？

　　表姐月华，大学毕业后就来到了北京。在双脚踏上这座城市第一寸土地的那一刻，她就被满眼的霓虹所迷住了。那时，她就在心里告诉自己："不管用尽什么办法，我一定要留在这里，一定！"

　　月华的第一份工作起点很高，是在国内一家知名的广告公司做前台。公司的规模也比较可观，每天出出进进的，都是以前只能在电视上看到的明星人物。

　　最初的两个月，每天好吃的下午茶以及非常火热的工作氛围，使月华觉得自己很有价值，也很有面子。每次跟一些同在北京奋斗的老乡联系，她总是非常骄傲地自报家门，说出那个令她感到无上荣光的公司大名。

　　可是久而久之，月华却有些不满足了。

　　虽说公司在某一年取得了很好的业绩，可是这跟她的工作又有什么关系呢？她只是一个负责接收、发送传真的"打杂妹"，最多是在老总助理请假的时候，去到老总的办公室为他递上一杯热咖啡……

　　再看看公司其他职位的同事，要么是策划人员做得一手好PPT，要么是公关人员总能挺身而出使公司化险为夷，她的工作又有几斤几两呢（这里并不是歧视做人事工作，而是相对比来说）？

这样想着，月华不再为自己是公司的一员而感到满足、开心，她私心想着，或者可以调职做些文案策划之类的工作。她试着跟人事部门进行申请，可是等了两天，仍然没能得到回应。她小心翼翼地催促着对方，最终也只得到这样的回答："公司内部调职需要部门主管和老总共同签字。"

月华觉得，如果真的可以成功调职，给几位领导送礼或者请吃饭也是可以接受的事。偏偏，隔天又听说公司最近打算从外面招聘一些新鲜血液，内部调职的事也就没有那么好办了。

这下可彻底让月华为了难。

看看眼前，她之所以能做前台，是因为暂时还算比较年轻，拥有一副光洁姣好的脸蛋。倘若再过两三年，总会有新一批的毕业新生加入求职浪潮，难道她就这样做前台做到被迫下岗吗？

她不甘心。于是，在一个风和日丽的午后，月华向公司提交了辞职申请。老总表示很惋惜，告诉她过了这段时间，年底会计划从内部提拔一些人员上去。而她，就在命定的范围内。

听到这句话，月华不由得大吃一惊，对此刻的行为后悔不已。然而悔之已晚，老总已经在辞职申请上面签了字。

接下来的五年，月华竟始终再没有这样的好运气。虽然也曾面试过几个规模相当的大公司，却总因为各种的原因，未能得到录用。渐渐地，她开始心灰意冷，最后竟然彻底放弃了在北京工作的念头，回到老家去了。

后来，每当我由北京回家经过月华所生活的城市，都会给她打上一通电话。这是她特别交代的，她想从我这里知道有关北京最新的消息。

是的，虽然这个地方已经成为月华梦想破灭的伤心地，可是在她心里，却始终未能放下，甚至是变成了一个沉痛的心结，不知何时才能解开。

看表姐这样痛苦，我劝说她："既然已经选择了循规蹈矩的生活，不如干脆稳稳当当地过日子。"

可月华并不愿意，总是很惆怅地悔恨当初，一遍遍埋怨自己不该那么沉不住气，要不然现在就是那个公司的人事或行政经理，这样或许就能把命运交给自己，说不定都已经在北京买房买车，过起幸福的生活了。

我无力评价表姐这种想法是不是有些痴人说梦。但看她的样子，确实还在为曾经的过失而惋惜，这让我觉得无奈极了。既然过去的已经把握不住了，为什么要把现在美好的一切，也断送在对昔日生活的无尽哀叹中呢？

　　我倒希望表姐能早日振作起来，与其腹背受敌，觉得生活是如此不如意，还不如早点看清方向，做自己未来人生的主人。

　　同样是关于放弃与选择的故事，我的一个小师妹，却为自己的人生交出了一份相对完美的答卷。

　　小师妹在大学里阴差阳错地进入到体育专业，四年的体育生涯，使她虽然在课堂知识部分有所欠缺，却塑造了比较强健的身体。而她也在尽一切努力，利用零散的时间里阅读，写字，过了一段相当充实称心的大学时光。

　　毕业后，小师妹选择北上闯荡。父亲很清楚女儿固执的脾气，一旦做出的决定一定会坚持到底，为此也就没有多加阻拦。

　　小师妹自知踏入社会以后，她将不再被温暖的家庭牢牢保护，所有的事情都只能依靠自己。虽然，她并不喜欢做个体育生，可是接触和学习体育的时间，却教会她两个重要的道理：

　　第一，如果你喜欢一项工作，就要主动去努力、去坚持。凡事只要坚持，再遥远的事情也都会变得有眉目，再难的东西也有机会学到手；第二，必须承认，很多行业是需要讲天赋的。

有些事情，假如你只是一般的资质，那么不管努力多久，怎样努力，或许永远没办法比有天赋又勤奋的人做得好。但你一定要学着去突破自己，至少在事情得出结果之前，先别急着否定自己。

所以，在她启程的那天晚上，就把一切都想清楚了。

到北京以后，小师妹果然没能一下子就找到真正心仪的工作，但她从最简单的文字编辑开始，一点点地积累，一点点地学习。

最初，小师妹在各大网站写长篇小说，纵然非常辛苦地坚持着日更五千字，只换回寥寥无几的点击率，却也令她感到踏实。后来，小师妹在豆瓣小组认识了一群爱好写作的人，她们成为很好的朋友。大家相互鼓励，共同努力，这也为她孤军奋战的日子平添了许多色彩。

也不知道是在哪天，竟然有位出版社的编辑主动联系到小师妹，想要签约出一本书。小师妹兴奋极了。在写作的过程中，不断地找各种理由"叨扰"这位编辑，向她打听一切有关出版行业的事情。

努力了半年之久，小师妹的新书终于出版了。又过了两年，小师妹顺利地跳槽到国内一家知名的出版公司，谋到了一份策划编辑的岗位。

事情到这里，似乎一切都在朝着想要的方向发展着，而前方也愈见明朗。

回头再看看最初来北京的头半年，那些旁人听起来会觉得有些不可思议的生活，似乎并没有多少"浓墨重彩"值得书写。

虽然此前也看过关于别人的北漂经历，却也无非是没有钱，只能住相对封闭的地下室，空气流通不畅，甚至偶尔还会捉襟见肘，以至流落街头。

生活充满了艰辛，但往前看一看，永远不止你一人在经受这样的炼狱，甚至有人还没有遇到锤炼自己的机会呢。

所以，当时的小师妹也觉得自己是幸运的。父亲当时只给了她 4000 块钱，交完房租，买完必需的生活用品，卡里几乎没有多余的存款。而她虽然找到了工作，却暂时要靠仅剩的 1000 多块钱度过没有工资的第一个月。

是的，在这场人生的战役上，这位相对年轻的小师妹真正做了她人生的主角。

对于她来说，我相信也确有过比较难熬的岁月，比如独自生活在这座城市时，随处可见的孤独；每天一个人出门，一个人回家，连受了委屈也只能哭给自己听。然而，有哪一件事情不是先苦后甜，甚至你付出一场，到头来终究一无所有。但起码这个过程，是真真切切属于你自己的。

我的一个同事说："做人千万别怕，你一示弱，握在手里的也会变成别人的。"所以，每个人都要把自己真正喜欢的事情做到极致。人生来就活这一回，要做就做自己的人生主角！

6. 精进自己，成为一个厉害的人

> 或许因为我们不够有毅力，或许因为我们都太爱享受现在，于是就在时光的洪流中，彻底地丢失了那个原本可以更好的自己。

2015 年的金马奖，侯孝贤导演凭借《聂隐娘》拿到了最佳影片、最佳导演奖。然而对比台上两位颁奖人非常热烈的语调和动作，侯孝贤全程的表现是，淡定。

他上台领奖，对同仁们说出了这样的一番话："拍电影这么久，只有一个念头：心甘情愿。拍电影是我的工作，是我的梦想，也是我一辈子做不完的。我今年已经 68 岁了，但是我想还可以再拼个 10 年吧。"

光是这番话，就很燃。

望着他那张平静的脸，再听着这番热到骨头里的发言，我顿时对侯孝贤导演充满了敬佩之情。一位已经 68 岁的老人，尚且有这样的热情面对自己热爱的工作，再想想我因为加班太多而常常抱怨，真是自惭形秽。

之前，也是在很巧合的一个机缘下，参加某个出版公司在微信后台分享的活动，竟很意外地得到了一本《行云纪》。这本书是电影《聂隐娘》的其中一个编剧写的，非常详细地记录了电影的拍摄过程，突出了侯孝贤导演对电影工作的种种认真、投入。图书装帧精美，我花了两个周末的时间完完整整、从头到尾品读了一遍。

之前在网上只是简单地了解到，侯孝贤导演为拍摄这部作品"任性"到极点：他等风，等云，等故事。这本书正详细地记录了所有这一切。

是的，相比于很多人在年前立誓未来一年要怎样怎样的行为，侯孝贤的确是一声不响就把所有想做的事做完了。这种人，让人从心底敬佩，无法不去喜欢。

记得我的一个女性朋友，在每次吃完大餐时总是发誓："哎呀，我怎么一不小心又吃了这么多，减肥减肥，我一定要做个瘦瘦的美女子！"可是呢，过了两个月，待我们再次相见，她还是按照习惯去点餐，然后把同样的话重复一遍。

包括我自己，在城市里待久了，就会对这里的环境（空气、水、交通、房价等）心生抱怨，渐渐变成一个负能量爆棚而不自知的人。只有每次回到家乡的农村，看着母亲因操劳而日渐消瘦的身体，满头的白发，我才能感受到自己为人子女的责任。

回到城市以后，我会信誓旦旦地在日记本里写上：今年一定要努力，好好工作，改变我和家人的生活！但这种"刺激"往往最多也就持续一个月，渐渐地，我又被周遭的环境所同化，整天活在怨言中了。

是的，我是一个几乎没有自控能力的人，也常将喜怒形于色当作是一种纯真、不虚伪，但我真的非常敬佩那些不动声色就把事情完成的人。

我的另一个朋友童童，虽然我们同在北京打拼，可是各自的工作都很忙碌，放假的时候也通常各有安排，除非特别约见，否则很难在这座繁华的城市见上一面。

某天，童童约我见面。仔细想想，时光快如闪电，我们快有两年没有见面了。

虽然我爱看电影，爱读书，没事喜欢在朋友圈发张自拍矫情一下，可我的这位朋友，却朴素得令人"发指"——第一次在她面前惊吓地张大了嘴巴，乃至差点把下巴惊掉，是因为她告诉我说，她不玩微信和微博。

然而没想到，童童马上给我带来了第二次非同凡响的震撼。可能因为近视的原因，我站在约定的地方等她，迟迟不见童童的踪影，于是就拨通她的电话，"嘟嘟"响了两声之后，却被对方挂掉了。正在纳闷是怎么一回事，一转身差点跌进一个人的怀里。

这才发现，对面不知何时站了一个身材高挑打扮时尚的姑娘，而她此时正冲我微笑。待我仔细看去，发现正是我的那位好朋友。

"哎呀，你真是女大十八变啊，受什么刺激了，变得这么会打扮！"我忍不住惊叹道。

"也没有，就是寻常的打扮。"童童淡淡一笑。

我们随意找了家餐厅坐下，由于太久没见内心竟还有些激动，我开始连珠炮似的追问她的一切。

"就是某天醒来，我觉得该给自己换个跟得上时代的模样了，就是这样。"童童很简单地回答我。

"那怎么也不见你发消息啊！现在不是很流行做一件事之前，要发很多毒誓吗？"我故意笑着问她。

谁料童童却不客气地回答："发那干啥，事情是做来的，又不是给别人说着听的。再说你做了别人自然会看到，不用发。"

然后，我们就聊起了最近两年各自的变化。我才发现，童童不单单是外表有了很大改变，就连对事物的看法，也开始变得理性、成熟。

　　以前，童童几乎跟我一样，是个对生活没有太多信心的女生，在生活中遇到困难也时常爱发几句感慨。可是现在，对于一些暂时不明朗的事情，她会站在另外的角度上去看待，于是看到事情好的一面。

　　童童这一系列的变化使我感到惊讶，也让我感慨一个人在时光雕刻下的蜕变——这两年，她不但考了驾照，业余还报了视觉设计班，甚至把大学毕业后丢下的英语也全部都捡了回来。

　　最骄傲的事情是，她现在能以一口流利的外语跟外国朋友交流，全程竟然毫无压力。这样的惊喜使她自己看到了努力改变带来的好处，于是更加不动声色地开始做起那些她想做还没做的事情。

　　我承认，想拥有什么就要先创造能够拥有它的条件，这样的道理虽简单，却深刻。

　　可是大部分时间，我们中的大部分人，都没有做到这些。或许因为我们不够有毅力，或许因为我们都太爱享受现在，于是就在时光的洪流中，彻底地丢失了那个原本可以更好的自己。

听童童说完这些经历，我开始思考自己这两年的变化——悲哀地发现，在每个年初我拥有无尽的能量，许下了很多的宏愿，但到年终收获的，除了自己在朋友圈发了一大堆的感慨，再也没有其他。

时光就这么流逝了。两年前，我们似乎还站在同一个起点。两年后，我却感觉距离对方好远。

而这一切只因为，她默默地做了一切可以努力的事，我则把时光溺死在食物里，感慨里，甚至对生活的埋怨里。诸如我的其他朋友们，好久不联系，一打电话问候，某某最近买了辆车；某某最近搬进了新购买的房子；某某去年学了一门新技能；某某出国旅游了……

每次我也会感到惊讶："哇塞，你小子够能耐的啊！"然后，挂掉电话就开始羡慕人家无比丰盛美满的生活。但冷静下来想想，他们走到今天也并非一蹴而就，而是靠着自己的双手和毅力，一点一滴逐渐实现的。而我，可能骨子里有一种懒惰，不想播种，就想收获。

最近的一个例子，是我旁边的同事。

这个圣诞节，她们一家三口要去日本旅行。去年她曾完成了东南亚某地区的旅行体验，而现在，我得到这个消息的时候，她已经提前一个月准备好出国需要的签证和其他所有文件了。

在我惊叹自己连去个成都重庆都不成时，她却不动声响地要飞去另外一个国度……

夜深人静的时候，周围宁静的似乎只剩呼吸。我简单地梳理着自己有些"悲惨简陋"的人生，忽而想起大学毕业时写在墙上的伟大心愿。

当时我以为毕业后，自己就像是终于飞出牢笼的小鸟，一定可以朝着大海的方向，实现走遍全国各地的梦想。可是毕业到现在，七年的时光过去，我却从未踏出这座城市一步。成都，大理，西塘，那些一个个曾在我心中烙下痕迹的名字，如今依然倔强而孤单地矗立在我的心头。

是的，我没有让自己真正为靠近它们而努力过一天。

我很惭愧，我妈常教育我说做事情不能"雷声大雨点小""一阵风，一阵雨"，她要我做事脚踏实地，沉重稳健，可是我不听。于是到今天，朋友们或多或少地实现了自己的目标，而我除了拥有跟他们一样的年纪，再也没有可以拿出手的东西。

从现在开始，我要做一个不动声色的成年人——我要攒钱，把想看的风景一一走遍；要写书，把喜欢的人物统统写遍；要上进，把喜欢做的工作做到极致。

时光不该被这样无情地浪费掉！

7. 你只是看起来很努力

> 为了看到更完美的自己，做人，就要舍得对自己狠一点。

生活在这座大城市里，每天睁眼闭眼都是真切实际的开支，还有各种掺杂着鸡汤的励志故事和奋斗题材，就连闲暇时间看的电视剧也是一部部讲着奋斗的题材，诸如《北上广不相信眼泪》《奋斗：青春正能量》等。

我不知道，有几个人还能安心踏实地守护着脚下的"一亩三分地"，踏踏实实地过日子。反正我不行。

以前，总感觉之所以会感到痛苦，只因为"想得太多而做得太少"，可是即便现在每天把自己忙成一个陀螺，也会担心未来不会有改变。

也许，多少有些"还未付出就先想着不朽"的懒惰与哀怨，但毕竟，谁真的甘心艰苦奋斗几年最终却一无所获呢？

上周，和一个认识多年的老朋友涛子聊天。

涛子在一家电视台做主编，平常工作很忙很辛苦。许久不见，可他见到我的第一句话就是："我现在还不够满足，是因为我对自己还不够狠。"这句话能从他的嘴里说出来，使我感到诧异。要知道，在我的这帮朋友圈里，数他对自己最是刻薄。

当初涛子比我还要晚来一年的时间。那时我在一家传媒公司做采编，因为觉得北京这座城市更适合人发展，所以就将他从老家叫了过来。

我记得非常清楚，那天下午，涛子只带着简单的行李，兜里揣着400块钱就来投奔我了。当时我还笑他胆子真大，在这里去附近的商场溜达一圈，随便买身衣服都不止这个数了。

那时涛子给自己定下的目标非常明确，就是要考上北京广播学院。可是到了学院一问老师才知道，光考前的辅导费就要800元，考上以后还需要另交2600元学费，而他手里就只有400元。

我这里可以暂时免费提供他吃住，可是钱没办法，因为我当时也才来北京一年，除去日常开销，手头几乎没有剩余。

涛子知道我有难处，非常感激我的收留，至于钱的问题，他说，他来想办法。可是听完他的这番话我却不能放心，他一个刚到北京的人，人生地不熟又没有要好的朋友，能怎么去想办法呢？

可是涛子接下来的表现，却令我大吃一惊。

涛子或许是想到了所有能想的办法，最终应聘到一家做广告业务的单位——拉业务，跑单子，他拼体力一手包办所有的事，每天睁开眼就同命运较量。

就这样，涛子疯狂地玩命干了几个月。终于，他在某天成功地签了一笔大单。拿到薪水的那一刻，涛子都不敢相信自己的眼睛，他的手上躺着厚厚的一沓人民币，而他另外一只手里，一张白色的小纸条上清清楚楚地写着一个数字——"30000 元"！

就这样，上学的费用解决了。毕业以后，涛子顺利地进入了自己中意的单位，且一奋斗就是五年。

能有今天的成绩，我觉得涛子应该是一个对自己够狠的人。然而，他却跟我讲起他一个同事的故事。

进入单位的第二年，他就认识了一个名叫周凯的同事。

周凯比涛子更早进入这家单位，那时他已经在主持一些非常重要的栏目。有一次，公司想要拍摄内蒙古地区的一些民族风情，而不巧负责外拍的两位同事先后因为个人的原因，离职或请假。新的人员尚未到岗，于是领导就把这项任务，临时交给了他们两人。

当时正值冬季，内蒙古雪厚山冷。涛子跟周凯两个人辛辛苦苦扛着笨重的机器，踩着积雪辗转在内蒙古多地采风。气候恶劣，再加上时而泥泞的道路，让涛子这个堂堂七尺男儿都有些怨声载道，更不用说那个看起来并不比自己强壮、甚至显得有些瘦小的周凯。

可是令他没想到的是，周凯竟然一个人扛着机器走了很远，每遇到一处有特色的风景，都会兴奋地嚷着又捡到一篇好素材！

周凯对待工作的热情和干劲，就像是打了鸡血的疯子，直让涛子为自己的怯懦和退让感到一阵阵的脸红。最后，在他们堪称完美的通力合作下，顺利地完成了对内蒙古地区的考察与拍摄，他们采到的外景照片，还被评选为那一年的最佳作品，上级对此也感到十分欣慰。

在领奖台上，涛子用热烈的目光注视着他的好搭档周凯，下了台激动地一把抱起他说："你小子对自己真狠，难怪会有今日的成绩！"

以前我常听到一句话："人才都是逼出来的，一个人如果不逼自己一把，就永远不知道自己的潜能，永远没办法变成一个更优秀的人。"

这世界上没有那么多的富二代，大部分人过的是平平淡淡的人生。生活是艰苦的，你不逼自己一把，就不知道原来自己也可以把主动权掌握在手心，也可以把生活这头猛虎骑在胯下。

一个人的成长，必须经过磨炼。就像之前我在某本书中看到的，一个公司的女白领，白天在公司非常辛勤地工作，但脸上总保持着精致得体的妆容。并非她感觉不到辛苦，只是想自己能以更好的姿态去面对所有。

还有我那个 28 岁才想到要考专升本的闺密小凡。当时我们都觉得她这个主意有些异想天开，毕竟工作算稳定，家庭也算幸福，30 岁之前还打算生个宝宝。

一个女人，何必让自己那么辛苦。可是对此，小凡只是置之一笑，便化身学生时代的好学生，奋不顾身地投入到题海生活中去了。

还有那个一直向往远方的小表妹。在我的印象中，她一直都还是那个扎着马尾、穿着花衣衫的小姑娘，却在某天，从我姨妈的口中得知她独自一人去了日本留学。

这些人其实就生活在我们的身边，不是那些从闪光灯里走出的偶像明星。甚至就连那些当红的明星，你也一定能通过各种渠道得知，他们曾怎样做出努力，与命运做抗争——说到底，他们跟我们没有什么不同。

比我们优秀，也只是因为他们舍得让自己吃苦，会逼自己做到更多，逼自己拿出更好的状态去面对眼前的一切。

也许你会觉得这些人完全不注重自己的饮食健康，生活规律，深更半夜还在打拼，身体素质一定差到不行。这可大错特错了。

我所认识的他们，每个人都有自己的一项或几项运动项目。有些人每天坚持晨起跑步，有些人办了健身卡，每天雷打不动地拿出两个小时游泳、练瑜伽。

也有些人，他们很努力地研究食谱，只为自己能有个健康的身体，去支撑他们完成更多的梦想。而那些打着"我要按时吃饭，按时睡觉，好好照顾自己"口号的人，你会发现他们真的除了按时吃饭，好好睡觉，就再也没有其他作为。

久而久之，你猜这两种人谁的身体会越来越好，谁的又会越来越差呢？答案就在你我心中。

对自己严格要求的人，往往都有一套很高的办事效率。

在"知乎"上关于"你最炫的一个瞬间"的提问中，一个女孩的回答获得了网友们过万的点赞。

她在同一天中完成了三件重要的事：早上 6 点赶赴司法考试的考场；上午 11 点飞奔回家，完成化妆，正午 12 点准时举行了婚礼，因为她是那天的新娘；又接着在下午 4 点参加早前答应的初中同学聚会，非常幸运地见到了阔别数十年的同学和班主任老师。

而最后的结果是：她的司法考试顺利通过；当天的婚礼也很圆满地落下帷幕，亲戚朋友们都纷纷送上贴心祝福；再次见到自己敬佩的中学老师，这让她的一天更觉得升华和满足。

看看，你行吗？反正我正在努力中！

据说我们每个人的一生，都可以画进一个 30 乘以 30 的格子里，去掉那些不谙世事的童年和少年时代，再去掉那些丧失劳动能力、身体状况每况愈下的老年时期，其实能够允许我们奋斗的时间，只有短短的 360 个月。

而正当年轻气盛的你，这时不对自己狠一点，就可能永远也得不到自己想要的生活，去不了心中一直梦想的地方。

为了看到更完美的自己，做人，就是要对自己狠一点。

8. 你的人生终将闪耀

> 当你感觉累的时候，不妨多看看别人的奋斗故事，多想想自己的初心，就一定可以坚持到底。

没错。现在写的这个标题，就是在 2015 年底赢得"网台收视双冠"的电视剧《大好时光》女主角茅小春的扮演者王晓晨。最近两年，她频频出现在观众的视野，星途一片。

回想起，那还是 2014 年 5 月，我当时应聘到了一家不错的影视营销公司。当时公司接手的项目中，就包括对王晓晨主演的某部抗战题材影视剧做二轮宣发。

那天下午，为了帮我练胆，主管把电话采访王晓晨的任务交给了我。拿到问题的那一刻，我捏着密密麻麻写了一堆字的纸，手心直冒汗。这是我第一次近距离直接跟明星接触，说不慌张那是假的。

采访前的 10 分钟，她的助理找到我，提醒我说，不要在同一个问题上耽误太久时间，王晓晨下午 5 点还有外拍活动。我抖着身子说："我记住了，记住了。"

下午 4 点 20 分，这个时刻我记得清清楚楚。为了采访过程不受干扰，我专门找了个地方——公司顶层的阳台，视野开阔，是适宜打电话的僻静场所。

站定位置，我打开手机的录音功能，深深地呼出一口气，拨通了她的电话。

"嘟……嘟……"此刻电话那端传来的通知声，如此地漫长。

"喂，你好！"突然，一个在电视荧屏上熟悉的声音传递过来，我赶忙扶一下听筒，在简单的自我介绍后，开始了正式地提问。都是很"规范式"和"常业化"的问题，不过有一个问题令我印象深刻。

她跟我讲到当时在拍摄一部剧时，一个爆破的现场突发意外，将她和当时剧中的男主角都炸伤。随后她不得不在医院输液，但因为剧组拍戏节奏紧张，她也不忍心耽误整个戏的进度，就在输液的第四天，忍痛上场。

当时正值深秋，她有一场要下水的戏，刺骨的寒冷在她腿边环绕，一下下如同刀割。我问了一个跟任务无关的话题："你不冷吗？没想到要放弃演员这条路吗？"

她在电话那头"扑哧"一声笑了："怎么说呢，当演员是我的命吧，天生就喜欢这个行当。再看看这个圈里，有谁不是忍着艰辛一路摸爬滚打。既然喜欢一件事，就该去坚持。拍戏很辛苦，可是没有戏拍更辛苦。"

听了她的话，我顿时忘记了她与我的身份之差。那一瞬间，我只感觉她亲切地像身边那些同样在大城市里奋斗的年轻姑娘。

短短 25 分钟的采访。我提的每个问题，她都很认真，也很详细地给了回答。甚至，还曾两次"跑题"聊到一些关乎人生、梦想的题外话。

挂上电话，我对王晓晨的感觉是，她是个非常敬业和努力的女孩子，是真的喜欢演员这个职业。

是的。所以，依靠热播剧《我爱男闺蜜》中方依依一角逐渐走红的她，才会有今天的成功。我相信，只要继续保持努力，她的未来一定会更加光明。

每个女孩都要努力，管它风雨之后有没有彩虹。每个今天都该付出，因为你活在当下，就要爱在当下。

而作为小人物的我们，也有自己的理由寻找快乐，感知世间万物。

这些年来，远离家乡、漂泊在外，我有了另外一个称呼：异乡人。接受或者拒绝，这称呼已渐渐嵌入我的生命，在偶尔思乡的时节，扎得心生疼。

逢年过节回家，倒是觉得梦中的故乡更亲切了些。只是假期短暂，每次都会产生故乡已成他乡的错觉。

每年一次，每年两次或是每年至多不过三次的探亲活动，是一生中最温暖、真实的存在。坐在返回故乡的车上，我不禁要想：故乡对于我们中国人来说，究竟是一种怎样的存在？难道就只是从文化、想象中牵动我们的灵魂？

也许吧。

那些亲人，只有离得足够远，直到看不见，直到存在于回忆里，你才倍觉亲切。当你回家，父亲已经蹒跚，母亲耳鬓多了银丝，可你的记忆深处，他们都还是年轻时的样子。

那时候，你才知道，时间带走了你的稚嫩，也使他们变得不再年轻。那时候的故乡，就变成了一道可怜兮兮的记忆。

你多想回到过去。你也开始责备自己，有一个好好的、完整的家，当初为什么要选择背井离乡。只是，你知道自己要的生活在别处，前程在远方，所以你马不停蹄地奔赴，像一个志在必得的勇士。

但这么多年来，只有故乡懂得，你在他乡所遭遇的一切，又最终收获了些什么——行走数年，踏遍山川，你不过就是为了荣归故里。可当你满身伤痕地面对它，它给你的只有沉默，还好能在亲人那里得到一些慰藉。

是啊，对于远离的人来说，故乡永远是最美的安慰，却也是永远回不去的地方。

好青年是什么？无羁无绊，坚韧决绝，为自己，为未来，努力生活。自古以来，这就是好青年。

好青年多半在路上。春耕秋收，一年到头，面朝黄土背朝天，在晨昏的鸡叫声中收割明天，这不是你要的生活。

远行的人总以为，背井离乡，孤注一掷，是给自己一生的希望，甚至是给下一代、下下一代的希望。关键是，对于故乡来说，你离开了，它才会显得珍贵——一切只因先有远去，才有思念。

当你回来，再次品尝着儿时的味道，和一些记忆里的人见面聊天，你发现，你们从未像现在这样疏远过——曾经某个时刻你最为亲近的那些人，逐渐变成了你不想成为的样子：早早地结婚生子，你想跟曾经的知己说点什么，却发现她忙着照顾怀中几个月的婴孩。于是，眼前的一切是你熟悉的，却又无法说服自己心甘情愿地接受。你与故乡，在靠近的那一刻，就产生了隔阂，难以形容，不可名状。

但是，在你的内心深处，又不容许再一次失去它，那是我们作为异乡人，在他乡遇到挫折难以坚持的时候，一个最有效的安慰啊！每到重阳、中秋与除夕，那是我们心中最果敢而奔放的归宿啊！

故乡是根。当你在异乡备感凄苦之时，你离故乡又近了一步。

故乡也许并不是现实中的那个地方，诗情画意、田园牧歌，它来自想象建构，是你用尽全部的幻想，制造出来的一个美好天堂。就算那里生存着你的祖祖辈辈，但如果你在异乡有了条件，也一定将他们接到身边，而不是决绝地离去。

但是异乡人的身份，驻扎在你的身上太久太久了。故乡对你的意义，渐渐淡薄。它，遥远得几乎快要失去了。

我曾看过一首诗，里面这样写道："我达达的马蹄是美丽的错误，我不是归人，是个过客。"再一次读这些句子时，我的眼角垂下了泪水。因为我知道，跟你一样，作为一个异乡人，我名副其实地抛弃了故乡。

几年来的每日每夜，睁大眼熬到凌晨四五点不睡也好，10点上床一觉到天亮也好，庸庸碌碌习以为常的白天也好，出去游玩逛街刷卡的周末也好，这些都是2000多个日子的常态。而所有的一切，常态、细节下的生活里，密密麻麻展露着的，不过也就是三个字：讨生活。

只有穷人才需要"讨生活"。为什么你会没钱？

承受能力差的人，随着年纪越来越大，将会变得更加不堪一击。整个城市正在以你无法估测的速度日新月异，谁也不用怀疑，睡了一个晚上再醒来，今日的北京已同昨日相去甚远。所以，在北京奋斗应该没有悲伤，没有眼泪，因为你没有时间去痛哭流涕。

过去，我曾带着被身边朋友戏称"拼了"的状态度过了整个 2015 年。晚上熬夜翻查资料写书，白天照常上班。除非是因过度疲劳心脏支撑不住，自己才勉强请一天假休息。

你一定认为我这么拼应该赚了不少钱吧？事实上口袋确实比常态下单凭工资要厚实一些。但那些钱，除去在北京的生活成本，也就所剩无几。

有时会觉得累、绝望，不想再继续奋战，但又心有不甘。有时劝自己别硬撑着了，反正我又不是什么真汉子，不如找个肯养我的男人嫁了吧。有这种想法的时候是很认真的，但紧接着下一秒就放弃。

我无法面对一个无能和热衷逃避的自己，尽管我的无能到现在自己始终不承认。只想活得简单一些。有几个简单的朋友，有份稳定的工作，有份简单的爱情——如果能修成正果一起结婚生个孩子，那真的是上苍眷顾三生有幸。

但常态和事实是，我活得异常复杂、辛苦、纠结。因为所有的感情都不想辜负，结果所有的感情都被辜负；因为所有的努力都不想白费，结果所有的努力都随风；因为所有想实现的计划都不忍搁浅，结果庸庸碌碌一事无成。

渐渐地，我变成了一个心怀美好，却永远都没有实际行动的散人。

曾为能靠自己活到今时今日感觉自豪。撑也好，熬也好，死扛也好，世界毕竟又在眼中，鲜活而完整。一次次问自己：愿不愿意付出所有，哪怕是生命，只为求他们的好？

废话。当然。既然都这样了，有些你不能给的温暖，就不要硬撑了好吗？有些你不能继续的关怀，就不要勉强了好吗？

原谅我是今天才真正领悟到：想想当初是怎样一份勇气，支撑你勇敢地来到大城市里拼生活吧。当你感觉累的时候，不妨多看看别人的奋斗故事，多想想自己的初心，就一定可以坚持到底。

最后，不管将来的结果是怎样，所有的一切，爱情、婚姻、工作，关乎我想当作家的梦想，我都不想放弃！

第 三 辑

别在吃苦的年纪选择安逸

1. 我喜欢生命本来的样子

2. 接纳不完美的自己

3. 你要么出众，要么出局

4. 请停止无效努力

5. 别在吃苦的年纪选择安逸

6. 你自以为的极限，只是别人的起点

7. 愿你特别凶狠，也特别温柔

8. 你的孤独，虽败犹荣

1. 我喜欢生命本来的样子

> 我们总要经历一些事情，然后才能看清一个
> 人。风平浪静的日子里，自然没什么机会去向另外
> 一半表示你的勇敢和忠心。

看一个人对你是否真心，就看你最艰难的时候，这个人对待你的态度；看一个人的人品如何，就要看遭遇险境，事关其个人利益时，他会采取怎样的做法。

前阵子，网络上流行一篇名为《分手即见人品》的文章，写的是孟小冬跟梅兰芳分手时，彼此所做的一切行为。

今年夏天结束之前，我在一档节目里，也看过了一场所谓人品的较量。

这档节目一向打着严肃的旗帜，却走着搞笑的路线。这一次，终于爆发了一个有关人性的话题。具体的问题是这样的：有两艘船，一艘船上百余人，另外一艘船上唯有贾玲一个人。这两艘船都被歹徒控制了，但一百余人的那艘船有活

命的机会——只要将船上的按钮按下，另一艘船会爆炸（贾玲也就"死"了），那么他们就可以得救。

现在问题来了，到底要不要按下这个钮？现场的 105 位观众，有超过 2/3 选择了"应该按钮"，然后激烈的辩论开始了。

虽然最后，在蔡康永反向倒戈由按钮变作不按钮之后，在高晓松一番深有哲理的解说之后，大家都正了三观重新选择了不按钮。但无疑，拜大家最初的选择所赐，贾玲在第一场就已经"光荣牺牲"了。

今天我把这个话题发到了我的"图书交换群"里。这个群里，我不敢说 200 多个人全部是知识分子，但起码都是热衷读书的青年朋友。但我没想到的是，三个肯发言的男生，竟一律选择了按钮。

我不服气，有些激动地质问其中一个："如果对面不是贾玲，是你媳妇呢？"结果，对方依然一副视死如归的豪言壮语："按！"话语未落，还刻意加一句："她死了，我大不了陪着她死。"

呵呵呵。真的可以这样轻易决定别人的生死吗？为了彻底征服我，他们还举出了"事情总要有个决断""心不狠不足以活命"等等企图说服我是"妇人之仁"。

我笑了，我的"妇人之仁"仅仅因为我是个女人？后来，我们又谈到钱的问题。我问："如果给你一个机会做大官，你会贪污吗？"

他们斩钉截铁地回我："不会。"甚至举出日常生活里，如果真的有贪污的心，公司分配出去买办公用品就可以回来多报销啊。

听完这些，我唯有呵呵呵。请问：100 块和 100 万的差别在哪里？

我相信这个世界上永远都有清者自清，面对金钱诱惑仍可眼睛都不眨一下，牢牢地守着做人的底线，做个正大光明干干净净的人。但我真的怀疑，如果真有一百万现金砸在你面前，是否真的能做到不为所动——毕竟，很多人没有亲眼见过 100 万、1000 万究竟代表了什么。

此时，另外一个男生说："不管多少钱，偷 100 块是偷，偷 100 万也是偷，本质上一样。"

这就好了啊，既然偷钱不管多少本质上都是一样的，那人为什么不也如此呢？上百条人命是人命，贾玲一条命就不是人命了吗？

确实是没想到，现场会有另外一半的人，愿以人多人少来决定谁该生存和死亡。想一想，若是现实中我们真遇到这样的问题，遇到有如此思想的人，而我们自己又刚好站在那个不同的对立面上，到时候该怎么办……

想到当初泰坦尼克沉没后，只有一艘救生艇返回救人——人命关天的事情，人们在面对时，就这样淡而化之地处理掉了。

记得以前在石家庄上学的时候，我曾听同学讲过这样一个惊心动魄的故事：一对年轻的情侣在半夜返回学校的路途中，被社会上几个混混拿着刀拦截住。其中的一个混混对男生说："你别害怕，只要把你女朋友交给我们，我们马上放你走。"

黑暗中，女孩的双眼定定地望着男孩。借着远处一盏街灯发出的微弱光芒，男孩看到女孩眼中充满了恐惧。

他们从进入大学的第一天起就一见钟情，如今已经平稳地走过了三个年头，再有两年，或许他们就能手牵手共同步入结婚的礼堂了。此时面对这样突如其来的险境，男孩的内心无疑是崩溃的。

他想到平时女孩总是舍不得给自己买好吃的，省下唯一的那么一点生活费，变着法地给他送礼物。甚至每年的生日，也都是女孩精心为他安排的。想到这里，男孩也不知道从哪里来的一股勇气，直接冲着女孩大喊："你快跑！"然后用尽全身的力气，朝着那几个混混冲了过去。

最终，他腰间中了两刀，重重地倒在了血泊里。小混混或许是看到事态严重了，怕真的惹出人命，当即火速逃离了现场。

事后，女孩惊魂未定地拨打了"120"急救电话，并且一路哭着，紧紧地握着男朋友的手，将他送进了医院。

一个月后，男孩的伤势痊愈了，他的腰间永远留下了一道勇敢的疤痕。

虽然，最后，他们没能结婚组建家庭，但女孩说，她永远都会记得男孩曾为她拼命过。有了这个回忆，今后不管她再遇到怎样的风浪，都一定可以挺过去。

我们总要经历一些事情，然后才能看清一个人。

风平浪静的日子里，自然没什么机会去向另外一半表示你的勇敢和忠心。仔细看看那些在现实中爱到死去活来的人们：结婚的时间久了，还能为生活中谁多洗了一次碗筷而争吵不休，似乎自己做了什么亏本的买卖。

我也曾在周末空闲的时间里，听到楼下夫妻们激烈的争吵声、打架声，理由无非是谁今天忘记接孩子了，害他下班又多跑了一趟；谁把厕所堵塞了，谁做饭又把油盐放多了……这样的小事情，竟然能让在一起有了孩子的夫妻们打个鸡飞狗跳，也算是开了眼界。

相爱容易相处难。老人的话总还是有些道理的。

最险恶的时候，正是拼人品的时候。这样的道理不管用在哪里似乎都会成立，不管是爱情，友情，还是亲情。

虽说人的本性是自私的，然而我总觉得，这世上一定还有一个人，能让你感觉到，就算是牺牲掉自己的性命，也会在危险关头为他（她）挺身而出。愿你我的心中都充满善意，在关键时刻，能救到自己的灵魂和所爱之人。

2. 接纳不完美的自己

你只是一个平凡人，不需要给自己太多的压力。

有时候，能把自己照顾好，就是一种莫大的能力。

我敢说，我们每个人在小时候都曾有过不切实际的梦想：有些人想拥有超能力，变成超人保护地球；有人想当科学家，长大了为祖国科研事业做贡献；有人想当画家，办个画展享誉全球……而我的同学小梦，她说自己长大后想当一名清洁工，把这座城市的街道清扫得干干净净。

记得当时，全班哈哈大笑，在一片笑声中，小梦感到脸红发烫。

现在，我们终于不可避免地长大了。我不知道有没有人真的成为超人，成为科学家，成为画家，我只知道，我没有成为钢琴家。

小时候，我梦想自己能有一架漂亮的钢琴，在心情烦闷的时候，可以弹奏着肖邦的《夜曲》，优雅地度过一整天的时光。可是，我的家里置办不起钢琴。父母只是普通的基层工作人员，他们给我最大的恩赐也只是，父亲在周末放假时，骑车带我去县城转上一圈。

那时作为孩子，我确实极容易满足。生日的时候，哪怕没有生日蛋糕，老妈围着炉灶煮上一碗面，我也是知足的。

不知何时开始有了更多金钱的欲望，也不知何时开始有了对未来人生的预期。在同我相处的过程中，一些朋友总感觉我对自己要求过于严格，神经绷得太紧张。

每到夜深人静时分，我也会偶尔想起这些问题，对着镜子问自己为什么会变成这样——是的，自从父亲去世以后，我总想要让自己变得更加强大一些，好保护我的家庭尽量不再遭受如此沉重的打击，以及就算遭遇厄运，我们也有足够的钱去应对。

特别是，我一直都很关心母亲的身体，她原本就一直患有高血压，常年需要吃药。为了给家里带去更多的希望，我选择来到一线城市打工。七年漂泊的生活，将我的精力消耗殆尽。

这里的空气不是太好，竞争也很激烈。有时我被堵在路上，上班会迟到，想到要扣半天的工资，心里会难过许久。

或许，我从来都不算胸有大志，所能做的，也都是普普通通的女孩子能去做的事情。但我想要母亲快乐，她能在照顾好自己的同时，逢年过节多给自己置办一些衣物。

一直懂得，想要获得更美好的明天，唯有今天不断去拼搏。在坚持不下去的时候，也会用那句话来激励自己："今天你对自己不狠心，明天世界就会对你狠心。"

看看这座城市有数以千万的人跟我吃着同样一份苦，所以为什么别人能行，我就不行？没有这个道理。于是，这两年间，我白天很努力地工作，晚上下班后争分夺秒地做兼职。有时是给杂志写写采访稿，有时是去家附近的小饭店打工，一年四季，从不停歇。

我以为我这样分秒必争地付出和努力，终将换来满满的硕果，却不曾想，今年8月份到来的一场大病，差点令我整个人丧失活力。最糟糕的是，我的身体每况愈下，为了恢复健康，几乎花掉了我辛苦攒下的一半积蓄。

为此，我深深地自责。于是病好以后，我开始试着让自己放轻松，不再急功近利，为赚一点钱就去强迫自己。

"身体是革命的本钱"，不管怎样，身体都是第一位的。特别像我这种流浪异乡、在外漂泊的人，身体垮了就真是什么都完了。我想明白了，自己若真想为这个家庭贡献一份力量，首先必须要把自己照顾得健健康康，快快乐乐。

最重要的一点，我开始学着慢慢地接受眼前这个平凡的自己，凡事不再钻牛角尖，懂得了"因上努力，果上随缘"的道理。

要放下一些东西总是很难，你也可以说人性本来就是贪，可是不放下这些东西，人生之路只会变得更加泥泞难行。为了以后活得更好，你必须要让自己保持一个相对舒适的心情。说不定一些东西你看开了，看淡了，也就慢慢不再计较它的得失，要知道："属于你的永远是属于你的，不属于你的费尽心机得到也会再次失去。"

你只是一个平凡人，不需要给自己太多的压力。有时候，能把自己照顾好，就是一种莫大的能力。

在"知乎"上看到一篇帖子，问："30岁以后的程序员该怎么规划自己的未来？"虽然对于这个行业我不是太懂，但是我想，每个行业都有龙头和凤尾，也有混得如我一样高不成低不就的。

跟帖的下面，获赞最多的回答则写着："29岁时我也曾为此惶恐，严重时彻夜不眠，感觉未来会随着 30 岁的到来而彻底终结。然而今天我 34 岁了，只能说，生活一切照旧，没有太好也没有太糟糕，公司老板不会因为你过了30 岁就把你开除，上帝也不会因为你过了 30 岁就开始让你飞黄腾达俯瞰众生。"

"你我都只是平凡人，日子该怎么过就怎么过。别太把自己当回事，每天醒来睁开眼，还能看到今天的太阳就知足吧。然后工作上一点点积累、进步，工作之外照顾好自己的家庭，万事 OK。"

是的。承认吧。

在这个世界上，尽管如你我的大多数人，都有过非常光彩绚丽的梦想，可也仅仅是心存的一份幻想。大部分的普通人，还是朝九晚五地上班，为了生计披星戴月地忙。

有段时间，这座城市的交通很堵，天气又非常寒冷。为了不迟到，我只能每天早早出门打车。跟不同的出租车司机聊天是件非常开心的事，你会发现他们之中，有些人乐观，有些人悲观，有些人对眼前的生活还算满意，而有一些人则是喋喋不休地诉说着自己的痛苦。

拿昨天和今天遇到的师傅做个对比：昨天的师傅说女儿留学德国，母亲快 80 岁了，一个月的退休金好几千块，自己一年到头也能净赚五六万块，一家人的生活和和美美，他很知足；今天的师傅就在吐槽拉活的路上总塞车，有儿子要养媳妇要养老爸老妈要养，每天一睁眼就被闹钟催着出门上工，一天到晚睡不了几个钟头，一年到头挣不了几万块钱……

我还记得他们脸上的表情，前者扬扬得意，后者愁眉不展。可是，不管怎样的艰难，时间总在推着人们向前。至少今天的我，还有余钱去买一本很贵但非常喜欢的绘本。

有多少人想着去拯救世界，却发现最后连拯救自己都无能为力。

高考失败的那个夜晚，我曾把自己锁在房间哭了整整一个晚上。当时心里只有一个想法：我这一辈子完蛋了！我这一辈子彻底完蛋了！

可是如今呢，十年过去，我不是依旧活得好好的？虽然仍需为了能有一个明朗的未来而努力，但至少我尚有这个机会，尚有这份勇气。

承认自己的平凡，是放过自己的自尊，也是成全自己的生活，肯定自己的能力。诸如马云般的成功者人人都追捧，可毕竟全世界只有一个马云。世界原本就是多元化的，没有相同的两个人，你知道自己已经够努力，就不必过分去苛责自己。

每次回老家，母亲总要再三叮嘱我："控制好你的消费，不要花得比挣得多。"是的，母亲很清楚自己的女儿不是明星，没有随随便便接一个广告就日进斗金的能力。她一个月挣得几千块工资，只能按照这座城市的消费水平，严格地给自己定个计划，什么东西该买，什么不该买，都必须要做到心中有数。

承认自己的平凡，可以让心情保持放松。别忘了人生路上，除了一路紧追事业的高低线，还有沿途那些优美的自然风景。

知足者常乐。

3. 你要么出众，要么出局

> 与其让自己每天辛苦地演戏，不如脱下面具，活得真实一些。

人生没有什么是不能面对的，因为面不面对，事情都会发生；人生更没有什么是值得遗憾的，因为遗不遗憾，事情都没有绝对的完美。

你是柠檬，就别再装橘子了。

不可否认，世俗的看法和一些评判体不体面的观点，让一些人不惜选择放弃自己最喜欢或擅长的工作，去选择一份不那么适合但却足够有范儿的事业。

就如我，时光匆匆，转眼走出大学校园已经七年了。这七年，为了一份所谓的家族荣誉，我一直从事着财务方面的工作——因为，早些年在北京闯荡并"打了天下"的姑姑说过，财会工作什么时候都吃香，而且越老越吃香。

是的，想一想，女孩子做一份财务工作似乎也没什么不好，甚至不用朝九晚五地上班，只要处理好了手头的事情，下午提前一两个小时溜走是非常普遍的事。而且这个岗位一直很好就业，再攒上两年经验，考下"初级会计"职称，然后一边做着工作，一边参加更高等级的考试。

似乎，这个岗位看起来什么都好。然而，最大的问题是，我不喜欢。

在学校，我念的是中文系。倒不是因为我喜欢汉语言文学才选择这个系别，而是因为作为一名文科生，似乎也没什么其他的选择余地。

不过我很开心的是，从小到大我一直都很喜欢写作，并且一直梦想着，能有朝一日成为真正的大作家。是的，像张爱玲、萧红、三毛那样的大作家。而且我还梦想着，可以像个明星一样，去全国各地开签售会——想一想吧，上千读者翘首以盼，精心打扮就只为见我一面。

可是，我却做了七年的财务工作，没有写过一本日记，没有出版过一本书。甚至，未发表过一篇原创文章。

虽然做财务工作到第七年，我的收入水平已经明显高于数据统计出的人均水平，口袋里也常有足够的零用钱能满足我买下多本心仪的图书——可是，那些拥有漂亮封面的图书，那些写满优美文字的书籍，没有一个字、一张图是来自于我的，也没有一本是标有我的名字……

夜深人静时，我常想，为什么当初我没能坚持自己喜欢做的事情。还有，我做财会工作的每一天既然是如此的不开心，为什么至今也没有选择放手？

我知道，正视自己的喜好是一件容易的事，可是处理自己的喜好，却是非常棘手。

看看镜子里的自己，不知不觉来到了 30 岁。虽然没有那么老，可是也已经组织了家庭，未来两年还计划生一个宝宝，这意味着不得不承担起抚养下一代的职责。这一切，正成为之所以难以做出抉择的根本原因。如果我现在换了工作，那对整个家庭的生活水平势必会带来不可预估的影响。

这些年，我跟老公已经习惯了每周大餐一顿，定期出门旅行一趟，并且每个季度都要互相给对方送上一两件价值不菲的衣服，还有我日常用的那些品牌护肤品……我难道为了去做一份仅仅是喜欢的工作，就舍弃掉如今唾手可得的舒适生活吗？

我在犹豫着，徘徊着。晚上昏昏沉沉地睡去。

等到了白天，一走进办公室，我整个人又陷入了极大的压抑之中。渐渐地，我不再喜欢笑，甚至常常无意识地将自己反锁在房间中，被这样的问题反反复复地纠缠着。

直到老公察觉到了我的不愉快。当他了解到事情的真相后，竟果断地劝说我放弃这份吞噬我快乐的工作。那天，他具体说了些什么我都忘了，只记得他看我的眼神，是那样的坚定。

如今，我只是这个大城市里非常普通的一名图书编辑。跟之前做财务主管相比，我在这个行业只能算是刚起步，薪水也少得可怜。可是每天一走进办公室，当看到那些书架上码放着整整齐齐的图书，当我打开电脑，欣赏着五颜六色的图书封面，我的心情就如同桌上摆放着的那盆马蹄莲，春水初生，春风十里。

也是在那个时候，我才深切地体会到——在这个世界上，没有比找回真实的自己更值得让人开心的事情了。

这是关于我在工作方面的事情，还有一个是关于闺密小雨和她男友的事情，想来也是这么一个道理。小雨和她的男友彼此都很爱对方，这在他们互相注视对方的眼神中，可以轻易地察觉到。

他们在大学校园里相识。那时候小雨很活泼，爱笑，暂且没有生存的压力，这一对有缘人很快便相爱了。只是后来才知道，爱情总要经受得住柴米油盐的考验，才能变得更加坚固。

步入社会之后，他们自然少了很多时间一起出去游玩。

小雨是个非常努力的姑娘。两年的时间内，在这个现实到谈对象都必须有房有车有存折的城市里，她既不靠亲爹也不拼干爹，单单凭借自己的一身冲劲，就坐上了公司销售部经理的职位。

然而，小雨没注意到的是，那天当她兴冲冲地将这个好消息告诉男友时，他的嘴角勉强挤出了一抹微笑，下一秒钟便是借故去了厕所，然后在那里，点燃了一支烟。

是的，作为一个男人，他为女友的能干感到自豪，同时更为自己的无能感到惭愧——想到他这两年，非但没能很好地晋升，甚至报名参加计算机考试，还需要女友"仗义疏财"。渐渐地，或许是因为自卑感爆棚，他开始躲着小雨，不接她的电话，也不参加她组织的任何一场聚会。

两个月后的某一天，他突然开了一辆宝马车回来，无比自豪地跟小雨炫耀，说这是公司为了庆祝自己升职，特意派给他的车。

小雨非常高兴，当即激动地一把抱住男友的脸颊，狠狠地亲了好几口。

三周之后，东窗事发。

小雨在家中阳台晾衣服时，发现男友开车到楼下，车里载着一个与她年纪相仿打扮得花枝招展的姑娘。甚至，她下车的时候，男友还很殷勤地跑过去为她拉开车门，然后把自己的手乖乖地递过去，接住姑娘的手，小心翼翼地放在手心上。

小雨十分恼火，她猜到这个姑娘与男友的关系不寻常。那天晚上，她故意压住火气，让自己看上去像什么事都没有发生的样子。

两周以后，男朋友回家都没再开过车。那个时候，小雨才知道，原来车是男朋友求着那位姑娘借给他用的，为的就是在自己面前装装所谓老爷们儿的阔气。

男朋友说，他看着小雨一路升职加薪，职场之路走得顺风顺水，可自己干什么都不行，自觉作为一个男人，他太失败。为了顺利借到车，男友联系上老家的这位姑娘，并且为了感谢她的"借车之恩"，还把存了一年多的钱都拿来请她下馆子，送她香奈儿的化妆品。

是的，为了这么一点看似体面的豪气，他未来一年都可能要靠女朋友的资助，才能顺利地活在这座一线城市里——因为，他的信用卡张张都被刷爆了，可谓是欠了一屁股的外债。

他原本只是一个柠檬，虽然酸涩，却自有它的一股芳香。而现在为了变成橘子，硬把自身的特长去掉，却也未能真的如愿变成一个人见人爱的橘子。

在这个世界上，柠檬和橘子原本就是两种不同的水果。觉得自己工作不行努力就好了，为什么要借车去充面儿呢？与其让自己每天辛苦地演戏，不如脱下面具，活得真实一些。

4. 请停止无效努力

> 如果你现在已经明了自己这辈子想要什么，那么恭喜你。如果没有，就抽个时间想想清楚。

苹果有多红，看见才知道。牛奶有多醇，喝了才知道。而那些比我们厉害的人，只是很早就明白了自己真正想要的是什么。

林白大学毕业后来到北京漂泊。在踏入社会的第一年，为了生计，她做过餐厅服务员、保险业务员、柜台促销员，甚至酒吧夜场歌手。

林白毕业于小城市的一所三流院校，这样的资历在人才济济的京城实在算不上什么。在家乡，大学毕业刚刚一个月的她，就被家人拖拽着去相亲，这边见了王公子——相貌端正但没共同语言；那边会了李公子——能说会道偏偏好吃懒做。

几天下来，数十场相亲大战令她头昏脑热，迫切地想找个地方躲上一阵儿。最初来到北京，林白带着年轻人身上都有的那种年少气盛，以及不肯轻易服输的倔强脾气。

想想以前，她在学校也是交过一两个男朋友的。只可惜大家做同窗时规划了无数好梦，一旦毕业就樯橹灰飞烟灭，梦碎的只剩下一点残渣。

说起来还是不够爱吧。林白毕竟是女生，天生爱打扮爱逛街，可是男朋友抠抠搜搜四年来都不愿掏钱给她好好过次生日。

一想到自己也是学生，却可以为了给他买生日礼物，大夏天顶着38℃高温出门做家教，林白打心眼里气不过。她以为感情这种东西是不容易消散的，却没想到分手比出门买瓶矿泉水还容易。

那个晚上，她没有哭。只是翻着相机里两人的过去，望着那一张张曾经的照片，全神贯注地发着愣。忽然，她发现，在他那张熟悉的脸孔上，竟没有一张是露出笑容的。

第二天早上，林白拎着粉红色小皮箱，跟过去的一切挥挥手，踏上了前往京城的路。最近，家里又在打电话问她交没交男朋友。母亲的意思是，一个女孩子终究要嫁人的，现在为了自由纵容自己，以后只能加倍受苦。

林白不是不愿意重新拥有爱情，只是26岁的她没天真到以为得到爱情就能得到幸福——无非就是生病时的一杯水、一粒药，孤独时的一个电话、一句问候。当然，她也有很多个备感孤寂的夜晚和不愿起床上班的清晨，可是一想到未来全部押在自己身上，她又丝毫不敢松懈，甚至会对自己更加严格。

她开始每天很努力地上班，有时为了加快工作进度，甚至会主动要求加班。不是为了钱，是为朝着最初想要成为的那个自己前进。

下班后，疯狂的自学时间到了。拿起考过四级后就丢弃的英语；因为想要把图片做得漂亮点就去学了 PS；因为想要把策划方案写得更顺眼，就练起了 PPT。

这样的日子持续了将近一年，经过 300 多个日日夜夜，林白彻底成长了。如今她依旧没有男朋友，工作上也时有困惑，但却不再像以前那样轻易陷入迷惘。因为林白的工作态度和能力，公司破格升她做了部门经理。

这世界的可爱之处就在于，它不是一成不变。每天都有人晋升，有人被辞退，有人得意忘形，有人虚怀若谷。而步入职场的人，几乎没有谁不羡慕同龄人那些醒目扎眼，印在各类名片上的诸如部门经理、部门总监的高级职称。

如果你现在已经明了自己这辈子想要什么，那么恭喜你。如果没有，就抽个时间想想清楚。

你想做撰稿人就只管认真码字读书，你想云游四方就只管上路出发。终有一天你会明白，你才是一切问题的答案。

5. 别在吃苦的年纪选择安逸

> 从来就没有什么天生的幸运，一切全都靠背后日复一日、年复一年辛劳地耕耘，努力。

这个世界，大多数时候还是很公平的。

虽然你没有出生在一个富裕的家庭，但却四肢健全、大脑聪敏；虽然你目前没有一份很有前途的工作，但你还有一颗追求成功、永不停止奋斗的心。

倘若每个人都能看到并且珍视自己所拥有的美好，那么，生活中或许会减少许多无谓的抱怨。

与其抱怨，还不如好好地打磨自己，迎接任何可能翻盘的机会——对于准备好的人来说，上天没有不垂青的理由。

以前看过一个很有含金量的话题，说的是"毕业三到五年，将会拉开人们的差距"。为什么会有这样的说法？大概因为三到五年的时间，足以让大部分的毕业生认清楚自己要做什么，并且在自己的领域里奋斗出一点成绩。

据我观察，我们当年那一届的同学，在毕业几年后，有些人已经在很有名的世界五百强企业担任要职，年薪达几十万；有些人在事业单位上班，工作清闲图个稳定，月薪仅为两三千；还有一些人无所事事，连个奋斗目标都没有，每年聚会都在抱怨同一件事，总是发愁不知道自己要做什么。

为什么差距会这么大呢？

第一类人，能够尽快明确自己的目标，清楚自己所要从事的职业，做好付出艰辛努力的准备。这样的人更容易成为未来的成功人士，他们有狼一样的精神，目标坚定，追求卓越，并会根据实际情况调整自己达成目标的计划，能够承受沿途遇到的各种压力、挫折。

第二种人，似乎也有着既定的目标，就是想要一个稳定的人生，所以会在毕业后选择报考公务员，以及寻求其他能够进入事业单位的途径、方法。

而第三种人却是最不可效仿的，明明毕业时与同学们站在同一条起跑线上，却不懂得思考未来，树立目标，到最后白白地荒废了青春，什么都没有得到。

人们总爱说："本来那个位置是我的，可就因为我今天晚来了一点，所以才……"人们也总爱说："本来这个我是会做的，可是太长时间没有练过，今天一紧张就失败了……"人们还总爱说："以后我一定……"

其实，并不是这些借口导致了你今日的失败，而是此前你一直没有任何的准备，而无准备的人生注定要与成功擦肩而过！

羽毛球运动员林丹，他当初在队里并不被教练看好，甚至参加多次重要的比赛时，都被当作候补队员。可是林丹并不为此灰心，而是抓紧一切时间拼命地练习。虽然他也不知道何时才能轮到自己上场，但他想要的是——但凡有那么一次机会，他希望能向所有人展现出自己最完美的状态和成绩！

果然，他做到了，正是那非常漂亮的一场比赛，奠定了他如今的辉煌地位。

机会是留给有准备的人的。当你为了一件小事永无休止地替自己洗白，不如利用更多的时间，好好去修炼、提升自己的专业技能，在必要的时候给大家来个满堂彩。

那天，在公交车上，我无意间听到两个年纪相仿的女生在聊天。

一个女生愁眉不展地向对方抱怨自己就这么丢了主管的位置，她的理由很充分，满脸的委屈，她说："要不是去外地出了几天差，主管的位置早就是我的了，凭什么那个谁就上去了啊？明明是我工作比较努力！"

眼见她的同事也不回话，我忍不住在心里暗暗地想："说不定老板就是怕你捣乱，所以那几天才要把你派到外面去出差呢！"

虽然，我并不知晓事情的具体经过，可我想，那个老板一定清楚她们二人谁更适合做主管。看眼前这位女孩抱怨到喋喋不休的样子，我想她工作的时候也一定很爱埋怨，可当真正有事的时候，谁有心情和时间听你抱怨呢？

身边总有一些人，一边在压力不大的工作环境下，每个月乐悠悠地拿着固定的薪水，一边又向周遭的人喋喋不休地抱怨公司没什么发展前景。倘若你真的想走，天高任鸟飞，海阔凭鱼跃，外面的世界大得很，你完全可以选择一个能充分实现个人价值的地方。

还有一群人，日复一日地做着同样的工作，领导不给任务的时候就逛淘宝，刷微博，几年以后开始频频抱怨：干了这么多年，薪水一分都不涨，这破公司还怎么待啊？殊不知你以应付的姿态对待公司，其实也是在应付自己。

机会永远是给那些有准备的人的。

台上一分钟，台下十年功。那些在台上说相声的人，为了抖一个包袱，在台下勤学苦练了千百回；那些希望给大家呈现一部优秀作品的演员们，台下吊威亚、背台词，夏捂冬冻，吃了常人难以想象的苦头。

有时往往因为错失一次机会，将会带来整个职业生涯的突变。对于演员来说，每得到一个奖杯，就离心中那个完美的自己更近了一步，也让攻击自己的人少了一个反驳自己的噱头。

毕竟，很多人在打击和讽刺别人的时候，会经常说"有本事去拿个影帝"这类讥讽的话。可是如果平时做足了准备、练习，当机会来临的时候，优秀的演员就会脱颖而出。

机会只有一次，就看你能不能抓住了。如果当其他人拼命学习新技能的时候，你却在打游戏；当其他人周末忙着充电学英文的时候，你却捧着爆米花看电影；当其他人在会议上针对领导的质疑提出真知灼见时，你却犯困偷懒思想溜号，那么，机会注定要与你擦肩而过，成功也注定将离你远去。

从来就没有什么天生的幸运，一切全都靠背后日复一日、年复一年辛劳地耕耘，努力。或许世上真有些不入世的天才，那也与大多数人无关。

近日我看了《最强大脑》中日对抗赛，其中王昱珩和陈冉冉的表现格外突出，但在对他们称赞之余，也看到了他们在台下那魔鬼式的训练有多么艰辛。

　　陈冉冉从 7 岁时就开始学习珠算。后来通过解放军军事经济学院心算队的特招测试，在队十余年里，陈冉冉每天都要进行一个多小时的专业训练，每晚要多做 300 余道加减题，这才练就了"神算"的本领。

　　王昱珩虽有"鬼眼之才"的称号，但在早年右眼却因外伤导致瞳孔缩放，无法像正常人那样变焦、对焦。在几乎失去三分之二视力的时候，与别国选手进行比赛，可谓顶着巨大的压力，可最终他还是成功保住了中国队的成绩，一切只因为背后日复一日辛苦的练习。

　　没有那么多的机会是专程为你而来的，下一次如果又失败了，别再用如此蹩脚的理由来欺骗别人，安慰自己。其实你自己心里最清楚：你，并不是缺少一个机会，你缺少的，是一颗为了机会而时刻努力奋斗的心。

6. 你自以为的极限，只是别人的起点

> 我们可以体谅一个人在大城市生活的不易，但
> 这并不足以成为一个人悲观生活的原因。

按照当下的社会标准，好友 K 是个不折不扣的文艺女青年。

前阵子，我在网络上看到有一个"狗尾续貂"的续写活动，要在"我有一壶酒，足以慰风尘"这句话后面再加两句。

我看到后只感觉奇怪，好句子就是好句子，为什么非要觉得不完整而续写呢？可 K 不这么认为，她马上交出了答案："前朝事忘尽，来时路尽歇。"看到她这个续写时，我知道 K 伤春悲秋的文艺细胞再次活跃了。

我早已习惯了 K 对生活投去的忧郁眼光。在我看来，她始终不懂，生活是她一个人且只属于她一个人的，她真的没必要向全世界展示自己的伤口有多深，有多疼。

那一阵子，K 的精神状态总是不好，她最受不了逛街遇

到下雨，出门遇到忘带钱，以及谈恋爱时对方发了脾气……

我们可以体谅一个人在大城市生活的不易，但这并不足以成为一个人悲观生活的原因。要知道，现实生活可不是韩剧，天降大雨就有人给你送伞，钱包掉了就有人请你吃饭。在真实的世界里，周遭所有的一切，都是需要自己一人去负责的——别人没这个时间，也没这个义务。

没错，我们总会怀念年轻时的意气风发，有朋友陪你疯陪你哭的青春岁月。但那个时候的我们正因为年轻，不需要承担赡养家庭的责任，也还没有面对现实中很多让人无奈的抉择。

K 就是一个陷在回忆里不能自拔的人。她说，现在的生活常让她感觉疲累，她很怀念儿时的无忧无虑，天真无邪。

好多次，我同她交流的时候都进行不下去，我不知该要苛责她的不懂事，还是告诉她应该要学着长大，承担起责任。

那些你以为光鲜的岁月并不真的是一种轻松，你轻松只是因为背后有人替你扛起了重担——我们的父母，无一不是受苦受累，为我们撑起遮风挡雨的安全屏障。如今，我们已成年，双亲却渐老，是时候该承担起我们作为子女的责任了。

成人的生活里，没有容易二字。长大以后的我们，必须紧随世界的脚步，保持精力，大步前进，才能配得起更美好的未来。

K如今三十出头的年纪，却仍然不想出去工作，她说她想到每天朝九晚五固定模式的生活，就会心生恐慌。

而我的另一位朋友S，虽有着一份固定、体面的工作，却对生活充满了厌倦。

S在国内一家知名的化妆品公司做销售主管，待遇很不错。但与此同时，繁重的销售任务也使她常常脸色苍白，只能靠那些名贵的化妆品来掩盖疲劳。

一个周末的下午，S打电话跟我抱怨："等挣够了钱，我就去炒老板的鱿鱼。"

我知道S的工作很辛苦，她过得不是很快乐，但我不打算安慰她，而是单刀直入地问："然后呢？"

S支支吾吾回答不上来，她说她只是感觉到累，并没想到辞职以后要怎么办。后来，S真的一气之下辞了职，然后去了趟英国，回来以后又赋闲在家半年。那阵子，她仍然喜欢抱怨，主题变成了找一份满意的工作太难。

就这样，因为离开职场将近三年时间，化妆品市场发生了翻天覆地的变化，以S固有的经验，已经无法适应市场的需求了。面试了十几家公司后，她最后只得到一个很普通的柜台销售员工作。

去上班的那天，S 不无后悔地对我说："早知道，就好好珍惜以前在大公司工作的机会，好好修炼自己的内心，提升工作能力，现在也不至于混得这么惨。"

S 的故事告诉我们：世界不会因为你的疲累，就随便停止它前进的脚步。

我觉得问题并不出在 S 辞职这件事上。诚然，身体是革命的本钱，谁都应该把生活放在第一位，把自己的身体照顾好——S 明明可以跟老板说明自己的情况，放个假，休整一下。

S 也完全没必要将工作全部放下，哪怕在英国度假的时候每天翻翻时尚杂志，也能对行业内的情况有所了解，而不至于丢掉一份那么好的工作。

这世界上所有的成功，都来之不易。那些任何时候都自我标榜很坚强的人，也不一定没有想要流泪的冲动。

现在大家都很喜欢在朋友圈晒幸福，对于很多"观众"来说，总难免会在心里默默地感慨一句："你看，人家的生活多滋润，为什么我却这么悲惨？"

其实，对方也有很悲摧的时刻，只不过他们选择默默地承受，而没有晒出来。那些看上去很美好的幸福，你不知道别人花了多少精力在维持；那些看上去很高贵的工作，你不知道别人熬了多少个通宵才得到。

而之所以别人的世界能如此幸福，看似一切顺利，皆因为他们懂得，世界无时无刻不在前进，让自己保持追逐的勇气，保持前进的能力是多么重要。

"知乎"上有一个热帖："有哪些原本很小的毛病，因为不积极采取治疗终于酿成了大祸？"翻翻下面的回答，果真五花八门，很多我们不重视的细节，正以它最原始、粗暴的方式"报复"着自己。

而我们也有过这样的经验：在路上走着突然变天，如果不加紧步伐，一开始是淅淅沥沥的小雨很快就会变成狂风暴雨，我们就会被浇成落汤鸡。

今天不快步走，明天就必须努力奔跑了。这个道理人人都懂，可却不是谁都能做到的。

每个人都喜欢圆满的结局，想跟自己喜欢的人在一起，想做自己喜欢的事，可这个世界就是充满了无常，很多时候并不能如你所愿。

面对这样的情况，人可以发泄但不能够脆弱，哭过了，还是要挺起胸膛，用一颗追逐前进的心，勇敢地面对这个残酷而真实的世界。那时候你会发现，因为自己的努力，世界开始变得温暖而美好。至少，你战胜了那个软弱的自己，这，已然是一种难得的胜利。

7. 愿你特别凶狠，也特别温柔

> 一个人能原谅自己，是种莫大的能力。毕竟谁
> 都不愿意背负着一种沉重的失落，走完自己的一生。

古人说，人非圣贤孰能无过。意思就是，哪怕圣贤也有说错做错的时候。做人嘛，原本就不该给自己太多的压力。

一个人如果太过纠结，总想着不能犯错，或是犯错之后心情总是很沉重，总想得到别人的谅解，他的人生就会变得沉重起来，活起来就会感到莫大的煎熬、压抑。

想一想，我们谁又没有犯过错呢？

可能你小时候顽皮砸了邻居的玻璃；跟同学打架把对方眼睛打肿了；偷过父母的钱去买零食；甚至是在年少无知的岁月，仗着别人喜欢自己，伤过别人的心。哪怕日后当你了解到自己当时有多可恶，觉得不能原谅，也别太自责和为难自己。

电影《催眠大师》里说："没有人能够原谅你，只有你

能原谅自己。"你现在的忏悔，对曾经给别人造成的伤害，已经没多大意义。况且大部分人在受到伤害以后，也都不再想和伤害自己的主体再有联系。对于他们来说，你就像那个咬了手指头的蛇一样，他们对你始终是害怕的，有所畏惧的，想要再靠近也就不容易。

生活中难免有碰撞，只要碰撞，就难免有伤害。我们都该豁达一些，学着原谅别人对自己犯下的错误，更要学着接受自己对别人犯下的错误。

原谅别人是一种豁达，原谅自己是一种释怀。而一个人能原谅自己，是种莫大的能力。毕竟谁都不愿意背负着一种沉重的失落，走完自己的一生。

你不肯原谅，只是因为仇恨的种子已在心间发芽，或者是出于自身的狭隘、自卑，放不下面子。

其实，社会是海阔天空的，当你真正地跳脱出来，才能给心灵插上一双飞翔的翅膀，才能看到更高更宽广的悠悠天地。

电影《一代宗师》中讲"见自己，见天地，见众生"。世间所有的一切，不过是万物在自己心中的反射呈现，这就是为什么所有的大师，到最后都在讲修心的原因。

只要心安宁了，你的世界才安宁。而不原谅别人又将会带来哪些困扰呢？结果是显而易见的：斤斤计较别人的过错只会令自己痛苦、难过，日复一日地陷入沉沦，不得解脱。

静下心来想一想，真的有必要吗？生命匆匆数十载，可做的、美好的事情那么多，为什么非要浪费时间纠结在让自己痛苦的事情上呢？

学会原谅吧！

记得看电影《新警察故事》时，很受触动。电影中陈国荣（成龙饰）因为一次失误，导致整个团队除他以外全部丧生，其中甚至包括他心爱未婚妻的胞弟。为此，陈国荣一直不能原谅自己的失职，辞掉警察的职务，终日酗酒，醉倒街头，连午夜梦回都是那帮凄惨丧生的兄弟们在向他讨债。

后来，新新人类郑小锋（谢霆锋饰）出现了，他在年幼时受到陈国荣的帮助，所以很崇拜警察，整天渴望当上正义的化身。一天，他的梦想终于有机会成真了，他在路上遇到了自己的偶像，并把醉酒不醒的陈国荣抬回了家。

为令陈国荣再度振作，也为了满足自己当警察的心愿，郑小锋决定冒称是上司委派给陈国荣的新拍档，逼他复职追查"超级罪犯"一案。

就这样，凭借着胡混蒙骗的功夫，郑小锋化身青年干探，大模大样地和陈国荣一起回到了警局，成了陈国荣的搭档，与他一起追查杀人狂徒。最后，在郑小锋的鼓励下，陈国荣终于选择原谅自己，重新振作，帮死去的兄弟报仇雪恨，破获了背后的神秘组织。

另一件事也是关于原谅。

民国初年军阀割据时代，一位高僧受某大帅邀请，前去府邸赴宴。

席间，高僧刚一落座，就发现满桌精致的菜肴中，竟有一块猪肉若隐若现地藏在其中一盘菜里。此时，他的徒弟好像也看到了这块肉，于是用筷子故意将肉翻了出来，好让大帅能看到。

可是这个行为却被高僧及时制止了，他轻声对徒弟说："如果你敢再把肉翻出来，我就把它吃掉。"徒弟听了以后，只好乖乖坐着不动了。

宴席结束后，高僧带着徒弟辞别了大帅。在回寺院的途中，徒弟这才开口问道："师父，刚才我把肉翻出来就是为了让大帅能看到，好让他知道他的下人待客不周，回去惩罚他的厨子。"

可高僧却笑着说："每个人都会犯错，无论有心还是无意，你又何必太过纠结呢？再者说，大帅脾气暴躁，若他真的迁怒于厨师，说不定会在我们走后直接把他枪毙。这是我所不愿看到的，要是如此，我宁愿把肉吃下肚去。"

听了师父的解答，小徒弟这才领悟到其中的真谛，不由得点点头。

当你身边有人犯错误时，请你给他一些机会，让他在改正中更快地成长。而当你自己犯错时，也请让自己释怀，让世界变得不那么黑暗，帮自己重新振作，重新拥有面对这个世界的勇气，好好地生活下去。

8. 你的孤独，虽败犹荣

孤独岁月，是一个人最好的修炼时光。没有任何繁缛的事情可以打扰，清清静静的修行——你想看书，想看电影，想写点东西，都可以。

有些路注定是要独自前行的。那些迎着风雨努力奋斗的背影，虽然有些落寞，却有着说不出的震慑力！

不得不说，人的悲剧是自己一手酿成的，在该奋斗的年纪你选择了安逸，就注定要在该享受的年纪奔波劳累。

"今天工作不努力，明天努力找工作！"二十多岁的年纪，正是为事业全力以赴的大好时光，再多的困难都不要害怕，再多的孤独都要独自走过——学会面对人生路上的挫折，你才有资格享受日后的丰盈与美好。

大城市里的人很多，车很多，孤单也很多。每个人都行色匆匆，有自己要努力奋斗的未来。有时候，当人们遇到了创伤，总希望不远处能有一个人给自己以安慰、鼓励，哪怕只是坐在一起，什么话也不说。

可是，这样的时候毕竟是少的。想要拥抱辉煌，就要学会享受孤独。陈奕迅用有些沙哑的嗓音唱道："我内心挫折，外向的孤独患者，需要认可。"但大部分时候，根本没有人认可，能够陪伴你的，始终只有自己。

但其实，孤独岁月才是最好的修炼时光。

我的一位前同事小晴，当我们一起在文化传媒公司共事时，她就无数次跟我透露，想要跳槽到一家影视传媒公司去做影视策划。

当时，小晴已经毕业三年了，一直做着图书编辑的工作。她说电影几乎是她这一生的追求，那些光影之间，有她最温暖和执着的梦。

几个月后，小晴真的辞职了，去试着做影视策划。我认为小晴的辞职有些冲动，并不看好她未来的发展方向。

果然，两个月以后，当我再见到小晴，她整个人瘦弱得令人吃惊。吃饭时，她愁眉不展地将这段时间的遭遇告诉我。

面对小晴的忧伤，我什么都做不了，只能安静地陪在一旁。

小晴说，辞职以后，她很努力地准备了面试简历，一天都要发几十封，可是得到的回应却很少，大部分邮件全都石沉大海。尽管如此，她依然感到开心，觉得至少离自己的电影梦又近了一步。

接下来，她搜肠刮肚写了几篇影评，可以说是发挥出自己最好的水平了。去面试时，也精心地打扮过自己，穿了一直没舍得穿的名牌服装。可是，几场面试下来，通过与面试官的交流，她的信心逐渐削减了。

走出应聘的最后一家公司时，她再也按捺不住内心的悲伤，躲到办公楼的厕所里痛哭了一场。那一刻，她头发凌乱，妆容也花了。

小晴说，她真的没想到，想要进入影视行业竟有这样困难。对照那些硬性条件，她既没有一千部的阅片量，也不会写剧本，更不会写电影策划案，没有什么娱乐圈的人脉资源。

种种迹象看起来，她无论如何都不可能成为一名影视工作人员。

我在一旁听着，真的不知道该要怎么安慰她。那天，曲终人散，连我们的告别都有些心事重重。

因为工作忙碌，后来有很长一段时间我跟小晴都没什么联络。直到有天接到她的电话，约我在某个地段的餐厅吃饭。一见面，小晴就有些兴奋，眉宇之间皆是意气风发。她告诉我说，她明天就要正式入职一家影视公司啦！

听到这话，我有些诧异，连忙追问她是如何"逆袭"突围的，然后就听到一段关于"宅女修炼成功"的故事。

面试结果的确令小晴很痛心，但她只给了自己一天的时间用来伤感。那之后，她不再随随便便就投简历，或到处跑去面试，而是总结这几次面试官所提出的要求，将其一一详细地列在笔记本上。

为了提高阅片量，她把自己关在房间里没日没夜地看电影，从悬疑、惊悚到爱情、喜剧，每种类型片都看，当然也温习了不少经典影片。然后，她又从网上找一些经典剧本，学着分析、思考人物之间的设定等，直至开始尝试写出第一个字。

那段时光，当然充满了孤独，也有对未来的种种怀疑，但她没有停止前进的脚步，内心好似总有一腔热血，随时都能澎湃起来。

四个月的时间下来，她几乎快要变成一个超级宅女了。

要知道，以前她可是很喜欢逛街的人，现在竟然可以为了心中的理想，把自己的生活模式都大变样。

小晴说，看完影片的时候是最孤独的，想要跟人分享一些自己的看法，却发现空荡荡的屋子除了自己，再也没有别人。有阵子，这座城市的天空万里无云，阳光从窗台倾泻下来，惹得她也很想出门走走、到处逛逛，可是一想到那个梦想，还是忍了下来。

当她接到录取通知时，仍感觉整个人像在梦中。

倒是第二天她才惊讶地发现，经过这四个月的努力，自己的确累积了不少的阅片量，对剧本的创作也有了一个大概的了解，甚至，还机缘巧合地从网络里结识了几个志同道合的朋友呢！

孤独岁月是一个人最好的修炼时光。没有任何繁缛的事情可以打扰，清清静静的修行——你想看书，想看电影，想写点东西，都可以。

这一段无人打扰的时光，只要你好好利用，终究会变成值得回忆的过往。

反之，那些一空闲下来就嚷着寂寞，总要靠着别人的陪伴才能支撑一段岁月的人，都是江湖中名不见经传的"寂寞空虚冷"。

这世界上还有些人，就是连去厕所都迫切需要有人陪着才行。比如我的一位好友前阵子来北京，就因为我工作太忙抽不出时间，她整整两个礼拜都只是宅在家里哪里都没去，心心念念的故宫、北海、颐和园，仍然只是通过电视或网络看看它们的风采。

你如何面对孤独，就将如何迎接成长。

第四辑

不抱怨的世界

1. 让成长带你穿透迷茫

> 请记住，一切速成都是耍流氓。就算一个天资
> 聪颖的人，也不可能在极短的时间就功成名就。

时间对每个人来说，都很公正、公平。你的一天有24个小时，别人也一样。更为残忍的是，大多数普通人的资质也是一样的，开始意识到时间的紧张，几乎都是毕业走出校门的两到五年，脱离了象牙塔的坚固保护，像一个辞别师父独自闯荡江湖的新手侠客，做任何事都只能依靠自己。

结婚生子，买房买车，更是生命所赋予的课题，迫在眉睫，亟待解决。

明白过来才发现其实有很多东西需要学习，于是感到了惶恐，内心的潜台词一定是：怎么办怎么办，赶不上别人了啊！

这种感觉，尤其在大城市最为明显。拿早上起床上班这件事来说，昨晚你特地将闹钟调快了十分钟，早上自信这次

一定早了很多，车站不会有那么多人。可是到现场一看，马上傻了眼，人头攒动，乌泱泱的，路两旁到处停着汽车、三轮车、摩托车，前方的道路已经被堵住了，你无路可进。

此时此刻，你开始自怨自艾：唉，要是再早出来半个钟头就好了，怎么每个人都这么能早起，他们难道就不困吗？

每天，你的心里都有个梦，渴望自己有天能实现理想，飞黄腾达，过上高质量的生活，一年中最美的时节，能够痛痛快快地来场舒适的旅行——春天草长莺飞，生机盎然；夏日避暑消夏，清凉惬意；秋季落英缤纷，色彩斑斓；隆冬围炉而坐，看窗外白雪皑皑。

但是现在，迫于生计的压力，却只能日复一日地跟一群陌生人挤公车、挤地铁，摩肩接踵、相互推搡地共度站程的一两个小时。

偶尔，心情低落的时候，也会问自己：为什么非要坚持在大城市里谋生活呢？又累又得不到多少回报……可是转念一想，没有随随便便的轻松，重复这样的生活，只是为了有朝一日能亲手改写自己的人生，彻底颠覆生活。毕竟，台阶总要一层层上，饭总要一口口吃。

说到底，生活在大城市里的每一个人，似乎都很重视和需要所谓的安全感，不然你不会看同龄人的奋斗故事，不会读当下风行的励志"鸡汤文"。

你看这些，无非是想知道有人正在跟你吃着同样的苦，受着同样的罪，可是别人仍在坚持，然而别人获得了成功，走向了光明。这对你来说无疑是一种激励，在遇到困境时给你支撑的力量。

说到底，你是为了求得一份宽慰，就好像总有个人，在陪你闯生活的一道道难关，在你哭泣的时候为你擦掉眼泪。可见，每个人的内心其实都有脆弱的一面，无论多大年纪，还是会渴望能像个小孩子一样，被别人抚摸，被别人温暖。

可事实真相是，那些"鸡汤"道理说得再通透、明显，你不采取行动，那也永远只是一种无力的理论，帮不了你多大忙——你要记住，别人永远励不了你的志，只有自己才能励自己的志。

我知道你会焦虑。我知道你渴望花很少的时间，来实现自己的梦想。

虽然这世界上有越来越多的人成功了，但更多的人还在苦苦挣扎，所以你千万不要放弃。

一些励志的句子说得很有道理，所以迷惑了你的心智。想要早点获得成功，首先你要摆正心态，其次你要行动起来——不要总想着跟别人对比。

前阵子，我在某论坛上看到这样一组帖子，里面有很多人在讨论薪水问题：2010 年毕业的，大家都来说说现在的生活和薪水待遇。

下面很多人开始评论，有的说毕业五年，在一线城市就业，上个月月薪刚过万，但没房没车；有的说在事业单位，工作稳定，工资 3000 多一点，刚够温饱；还有人说，担任家族企业总经理职务，年薪过 40 万……

你点着鼠标翻查帖子，把别人的成绩跟自己暗暗做个对比，有比你差的就眉开眼笑，有比你强的则愁眉不展，有超过你一大截的只能倒吸一口凉气，然后是满满的心塞。

诚然，这种强烈的对比反差很容易让人焦虑。焦虑会使人乱了阵脚，如果你慌神了，请先保持原地不动，闭上眼睛，然后深深地吸上一口气，30 秒后，再把眼睛睁开——怎么样，是不是心里平静多了？

或者你可以这样想，就算是急火攻心，你的月薪也不会立马多出一分钱，这样想自然就平静了。

通常，理智的人不会给自己找这种麻烦，他知道自己看到的只是别人描述的一个结果，别人把中间尝过的酸甜苦辣没有明说而已。

所以，请记住，一切速成都是耍流氓。就算一个天资聪颖的人，也不可能在极短的时间就功成名就。我们通常只看到别人取得的辉煌成就，却忽略了别人背后所吃的苦头，所下的功夫。

也许，你已无法容忍每天起早贪黑还要加班加点的忙碌，也许，你也动过心思想放弃现在的生活选择去生活压力更小的城镇，可是这种想法偶尔想想就算了，最好不要付诸行动——如果逃避可以解决问题的话，那小城镇的人就没有烦恼了吗？

事实上并不如此。当我们意识到自己的能力不足，需要进一步提高时，常会看到街头各式各样的速成班广告：

"速成"英语班，名校老师任教，包你三个月上托福——你敢信吗？

"速成"计算机班，包你两个月过二级，毕业推荐好工作——你敢去吗？

这是一个真实的案例，我的一个男性朋友很想学计算机，就报了全国最为著名的一个品牌机构，学费交了好几千，两个月就结业了。

当我问他："你都学了些什么？"

他第一句话就是："教的那些东西，我照着电脑自学就能会。"而更可恶的是，毕业以后校方也并未真的帮他推荐过工作，最终还是靠自己才得到了一份工作……

如果任何技能都可以速成，那当年达·芬奇初学画画时就不必每天只盯着一个鸡蛋了，而很多音乐家也没必要只练习一首曲子了。

两点之间最短的距离是直线。想要实现自己的目标，就只能踏踏实实朝着既定的方向努力，而不该动歪脑筋另辟蹊径，要知道那也许就是死路一条。

老话说："台上一分钟，台下十年功。"所以你看似精湛的表演技艺，其实都来自于台下日复一日的扎实练习——任何一件事只要干满一万小时，就可以熟练。

我真的相信"一万小时"这个理论——一万小时的努力加上一万小时的用心，一万小时的认真加上一万小时的反复练习。可见，重复这件事有多美。所以，停止无谓的抱怨吧，励志"鸡汤"可以看，但是打了"鸡血"以后，别只让同龄人受的苦安慰了你，要像别人那样开启奋斗的征程。

从现在开始，认真地对待日复一日重复的生活，要在重复烦琐的日子里树立起对未来的憧憬与信心。因为你知道，现在之所以过这样的生活，只为了有朝一日能彻底颠覆生活，最终赢得你所向往的一切。

时代越浮躁，越要保持头脑清醒。你，就是最特别的那一个。

2. 执行力是训练出来的

　　　　　你坚持什么，你就会成为什么样的人。而你付
　　　出的，终将会换一种方式再回来，成为你本身。

　　以前看过这样一个故事：一只小老鼠外出觅食时发现了一个油瓶，它当时正很饿，于是就钻到油瓶里偷油吃。

　　香油真的太香了，小老鼠吃得很开心，两分钟后它的小肚子就鼓了起来。明明已经吃得很饱，可老鼠还是贪恋香油的味道，于是它决定再多吃几口。慢慢地，它的肚子越来越大，等它想爬出瓶子的时候却已经出不去了。

　　还有另外一个故事，是现实版的"小老鼠"。

　　同学 A 同时喜欢上了两个女孩，明知道最后只能选择一个，可他偏偏两个都不想放弃。于是，在两个女生之间苦苦纠缠了两个月之后，被其中一个女孩发现了真相，甩了他一个巴掌而去。

　　另一个女孩也觉得是奇耻大辱，主动跟 A 君断了联系

并发誓今生再不来往。所以，到最后 A 君是竹篮打水一场空。为什么最后会出现这样的结果呢？答案是：脚踏两只船，欲求太多。

一个人想要的东西太多，往前走的时候就会感觉很累，最后体力不支，还没到终点人就已疲软。

那种想要实现太多愿望的人，很有可能会把生活搞成一团糟，而最终什么都得不到。因为人的精力、时间总那么有限，你不可能去完成所有愿望。那么，问题来了，身在繁杂的世界，怎么做才能不那么累？答案是：减少你的欲望，只对一件事坚持到底。

你一定要搞清楚自己想要什么，等目标明确以后，才好轻装上路。

前几天，刚刚看完一部很感人的日本电影《哪啊哪啊神去村》，故事情节如下：

男主人公平野勇气因为高考失败，又不想复读而对未来充满迷茫时，他偶然得到一份募集林业培训生的宣传材料——封面上的女孩背靠一棵参天古树，笑容甜美，这一下子吸引了平野勇气的目光。于是，他决定告别大都市，兴致勃勃地前去参加为期一年的林业培训课程。

平野勇气要去的地方叫作神去村，是一个偏僻的小山村。那里交通不便，需要换乘好多次列车，最后还要乘坐地方支线。手机在那里也是没有信号，村子里的人平时联系基本靠吼。

大山深处，有平野勇气从未见过的美丽风景，也有毒蛇与野鹿。这里最常见的就是泥泞的小路和路两旁的各种古树。

平野勇气刚来的第一天就被蚊虫叮咬了，下水的时候又被水蛭吸了屁股，他开始想念都市里一切便利的生活。可是因为种种原因，他几次逃跑都没能成功，最终还是留了下来。

就在此时，不可思议的事情竟然出现了：随着跟山里人的交流，大家白天一起砍树、种树，晚上一起喝酒聊天，平野勇气竟然渐渐爱上了这里的生活，爱上了这样一群质朴的人。而后来，他也心满意足地见到了自己喜欢的那个封面女孩，两个人从陌生到熟悉，爱意悄悄萌生，传递。

喜欢上这里以后，平野勇气渐渐忘记了时间。

还有半个月就要结束课程时，平野勇气参加了被村里人极度重视的神社活动，并且在社长的授意下，亲手砍掉了一棵千年大树。当树木轰然倒地时，平野勇气再一次闭上眼睛，深深吸了一口那扑面而来的杉树的香气，他发觉自己再也无法离开这里了。

课程结业后，平野勇气回到了大都市。可谁也没有想到，他仅仅在都市里待了几分钟，周围人们来回忙碌的身影，偶尔踩到了彼此匆忙说抱歉就各走各路的情形，以及周围车马的喧嚣……都使他感到难以适应。

那一刻，他无比怀念大山里的清净，还有小山村人与人之间的温馨。于是，平野勇气回到了自己的家，放下从山里带回的一坛养生酒，连父母的面都没有见，就急匆匆坐上了回程的列车。

那一刻，他的脸上露出真诚的笑容。影片随之结束。

我想，这个曾无所事事的人已经找到了他想要的人生。

还有同样的一种感动，发生在一档我常看的音乐节目里。

那天，某音乐节目的舞台上来了一位年逾花甲的老奶奶，她打扮很潮，表演的歌曲是很拉风的摇滚。哇哦，一位老奶奶穿着皮衣皮裤唱摇滚，这场景光是想想就令人激动！

等到表演完毕，老奶奶开始自我介绍，她的话尤其使我触动：她说她今年已经71岁了，音乐是她这辈子唯一热爱的，到死都不想放弃。

在当初得知她想要参赛的时候，周围很多亲戚朋友都不同意她去，她们说了很多万一：万一在舞台上摔倒了，万一在路上出事，万一没入选她会感到很伤心……她们说这是年轻人的舞台，老奶奶就该有个老奶奶的样子，安安静静在家里喝茶读报纸，千万不要给自己的儿孙找麻烦。

可是老奶奶只说了一句话：正是因为老了，就算以后更老了只能坐轮椅，她也要唱歌，一直不放弃。她还很认真地告诉家里人，如果中间她有任何的差池，儿孙们也不用自责，这完全是自己的决定，她就是想过自己喜欢的生活。

当时，台下的几个评委都默默湿了眼眶。我相信他们的感动根本不在于老人唱得多有激情，而在于这份笃定、坚持的精神。

很多时候，你爱什么，你就透出什么样的光彩；你坚持什么，你就会成为什么样的人。而你付出的，终将会换一种方式再回来，成为你本身。

还记得当年电视剧《奋斗》热播的时候，那个感动千万人的富家女米莱吗？她对陆涛表白的时候曾说过这样一句话，大意是这样：我这辈子做什么事都不坚持，小时候学跳舞，跳着跳着就放弃了；长大了去念书，读着读着书就扔了；这辈子我就只坚持了一件事，那就是爱你。

看吧，即使是这样"一事无成"什么都做不下去的傻姑娘，也能因为坚持爱一个人而让人感动。

一辈子只做一件事，就把这一件事做到极致。

我知道谁都很想同时完成很多事，让别人觉得自己有多了不起，让自己显得与众不同，可人生是短暂的，爱更需要认真。既然我们都不是天才，那就让我们极简生活，一辈子只做好一件事，只爱一个人。

3. 我不愿平平淡淡将就

> 你不将就生活，生活才会给你精致，这大概也算是一种生活态度吧。

很多人不知道，对工作保持热情，其实是为了让生活更加舒适；更多人不知道，对工作保持认真，是为了让生活更加开心。

每个人在试用期时，对待工作都很认真，老板要求加班也都会一律应允，还会很快乐地投入工作——因为他们知道，这将关系到自己能否顺利通过试用期。

可是一旦转正，大多数人会像个泄了气的皮球，天地悠悠过客匆匆全部任我行，对待工作不再付出百倍甚至是十倍的用心，跟部门同事沟通也是马马虎虎，敷衍了事。特别是在一个管理环境相对轻松的公司或团队，这种现象往往更为明显。

还有一个普遍有趣的现象：当我们最初跟陌生人开始相处时，因为不知道对方的脾气、个性，可能会稍微提防或感到紧张。而等我们了解和掌握了对方的一些信息，则会对其放松警惕。

这就是为什么最初你感觉威严的上司，时常对你面带微笑以后，时间久了你就不再毕恭毕敬害怕他了。

同事叶子今年刚刚大学毕业。

叶子经过三个月的努力工作，很顺利地拿到了正式聘用书。因为我们在同一部门工作，会有很多关于文件或其他工作的交流，渐渐地，我发现叶子对待工作总是很将就：你跟她指出错误或点明原因，她不但不会细心改正，还会说你是小题大做。

就拿写一篇两千字的宣传文案来说，明明可以在网上找到资料，然后改好，可她偏偏全部都是直接复制、粘贴，连格式也都乱七八糟。这样的文案，别说领导看起来会觉得不满意，就连我这个同事都看不下去。久而久之，所有的文案都要经过我再整理，可时间一长，我也开始吃不消了，毕竟我有自己的任务要完成。

终于有一天，领导临时抽查，分配了很多任务给我们部门，并且要求第二天一大早就交上去。

工作开始前，我跟叶子说："这次的文案你要写仔细一点，不然会连累整个部门受罚。"可叶子只是不以为然地摇摇头，丝毫不把我的话放在心里。

果然，第二天一大早，领导就在办公室里发火了。因为昨天晚上叶子再次失误，将文章整理得乱七八糟，导致整个部门都被留下来加班，特别是部门主管更被扣了奖金。

这还不算完，最惨的恐怕是叶子本人了。她不但被主管要求每天都必须留下来加班，好好精进工作，更被直接降薪。至于生活——每天要你连续上班 12 个小时，哪里还谈得上生活？

后来，叶子不堪重负，辞职离开了。走之前，她说想要单独请我吃顿饭。

那天，阳光很好。叶子穿着一件粉白色的连衣裙，整个人看起来清爽了许多。此前连续几个月的加班导致她精神状态很差，气色也不好。

席间，她对我说："其实我不想辞职的。这份工作不错，工作又不是太忙，还能多出点时间看书写字，和同事们也都混熟了。可是现在，却让生活变得那么累。"

我安慰她说没关系，到别的公司要认真工作，慢慢生活就会重新美好起来。

很多人认为生活比较重要，工作是为了生活，所以会在工作时不时偷点懒、放点水，好让自己不那么累，觉得不用付出那么多的心力，每个月也可以顺利拿到薪水，还能轻轻松松生活。

然而，他们恰恰忘记了，工作也是生活的一部分，而且是很重要的一部分。工作没做好，生活的质量也就无法保证，毕竟我们多数人不是富二代，没有当土豪的爹可以仰仗。

与这件事性质相同的还有一件事，也很触动我。

Lisa 最近打算重新找份工作，于是开始对着镜子描描画画。其实她已经很美了，穿着也得体。

几位朋友为 Lisa 的面试着装提供建议，都觉得她已经相当完美了，没必要再修饰什么了。可是 Lisa 对着镜子皱着眉头，默默地甩出一句："总觉得哪里不对劲。"

Lisa 是朋友圈有名的"爱讲究"，从衣服的材质、价格到与整体气质是否搭配都很讲究，甚至还曾专门为搭配一身新衣服临时逛商场选购合适的配饰。

"只不过是面试而已，你何必弄得大张旗鼓？"很多姐妹都这样说。可是 Lisa 偏偏不听，即将参加面试的前一天，还专门去全城最时尚的服装店选衣服——可是，Lisa 要面试的并不是什么国内首屈一指的著名企业，只是一家还说得过去的传媒公司。

除了外表装扮上的不将就，Lisa 对内涵也很在意。早在接到这份面试通知时，她就开始疯狂地整理和研究关于这家公司的点点滴滴，而且她还为将要从事的职业仔仔细细地写了一个营销方案，准备见面试官的那天亲手交到对方手中。

果然，硬是靠着这份不将就，Lisa 当天就面试成功了。

回到家，Lisa 还很惊喜地告诉我们："你们知道吗？最后一个环节是老总亲自面试，她一进门我就注意到了那双气质不凡的鞋子，和我脚上穿的是一个系列，不过她的要贵许多。

"后来，老总也注意到了这点，她高兴地表示很愿意看到公司员工能与她保持同样的眼光。我出门的时候，她还特意送了我这家商场的打折卡呢！"说着，她从包里拿出一张精致的小卡片。

不将就，让 Lisa 得到了梦寐以求的工作，也让她很快就开始了全新的生活。

从那以后，我开始明白了一个道理：做就做到最好！

你不将就生活，生活才会给你精致，这大概也算是一种生活态度吧。就像 Lisa 喜欢穿潮流名牌并不是因为那些是大牌，而是她真正享受那些物质所带来的高贵与舒适。

如果你仔细观察就会发现，那些口口声声节衣缩食为了省钱的人，其实到最后也没省下多少钱来，更没有花钱把自己的生活打理好。起码，一个女孩子有一套自己精致的打扮方案，并不是件坏事。

而如 Lisa 这样，对生活有着高要求、高水准的人，才是真正地懂得享受生活，因为她会为了得到那些而不停地鞭策自己去努力。

当你脚下穿着一双价格昂贵还非常舒适、能够彰显你气质的鞋子走遍各个地方时，才能体会到这种精神多么可贵。

将就，就意味着放弃理想，意味着随随便便。对工作的将就，会使你最终丢掉工作；对生活的将就，会使你最终脱离生活；对爱情的将就，会使你这一辈子都得不到真正的爱情。

所以，人没必要活在将就里，而应该对一切有所要求，让自己活出独一无二的精致。

4. 拆掉思维里的墙

> 不管你曾经多么宅，面对生活曾流露出多么不
> 想面对的表情，看到这篇文章时，也都应该为自己、
> 为家人改变一下。

宅，很多时候是一种逃避。如果可以，我想每个人都不喜欢出来工作，最好每天舒舒服服地躺在床上就把钱挣了，就把生活过好了。

可现实并不是这样，喜欢宅，不喜欢跟社会打交道的人，不喜欢早起上班忙碌的人，最终还是会不可避免地回归社会，去跟别人竞争。因为这个世界什么都是那么有限，连上个公共厕所你不排队等候也占不到位置；又因为这个世界什么都会过期，不会有永远保鲜的罐头，也没有永远都是18岁的青春。

我也知道，人生不可能永远一帆风顺，你总会遇到这样那样的难题，遭遇这样那样的打击。

最近我一个很好的朋友，在北京工作得好好的，年后突然接到家里的消息，要他马上辞掉工作回老家。

具体什么事情他不肯跟我讲，只是那之后他再也没有找我说他的写作大计划，甚至之前大家一起做的书稿也被迫终止。

这几天，我一直通过微信跟他联系，顺便看他心情有没有好一点，还主动给他介绍几个千字宣传文案写，好歹手头能有个零花钱。对此，他却总是拒绝，理由是：现在心情真的不好，只想一个人静一静。

我可以理解这种心情，我也很清楚，这之后他还是要平静地接受一切，重新开始正规的生活。

回想自己刚毕业的那段时间，因为薪水太低，上班的地方又很远，坚持了半年，终于因为一次生病而痛哭流涕，自认为生活太艰苦，不想再努力。一个冲动之下就辞掉了工作，每天躲在出租屋里上网，看电影，胡乱打发时日。

我不知道别人是不是也这样，当你独处时是最轻松自在的，不用面对别人异样的眼光，不用在意别人的看法，好像整个天下都是你的了，你想干什么就干什么——就算胡乱骂脏话，把自己穿成火星人的样子也没关系。

可是这样的生活能持续多久呢？你逍遥自在完了，最终还是要把自己收拾干净，打扮成别人能接受的样子，重新去找一份工作。

其实，现在的我还是个标准的宅女，除了工作日必须出门上班，周末两天几乎都爱宅在家里。有时我躺在床上一整天，就只是刷刷微博，看看电视剧；有时很早起来打扫下卫生，把所有的衣服都换洗干净；更多的时候我喜欢什么都不干，只是静静地望着头顶的天花板，一个人想些陈年旧事。

这样的状态持续了很久，直到有天我看到朋友圈在发各自的春游照片。

我发现很多我似曾相识的地方陌生了许多，也发现这座城市好像已经悄然改变了模样——是的，我太久没有走出去领略它的风景、风情，已经渐渐离它很远了。

记得以前看过一段评论，作者分析并不是所有在大城市生活的人，都能很好地享受其中。一部分热爱运动的人，可能会在周末去很多个地方，遇见很多有趣的事情；而另一部分什么都不想做只热爱宅的人，则可能只对住宅的附近熟悉。

看吧，因为太宅，已经错失了太多风景。更重要的是，这座城市提供了很多大大小小的阅读会、诗词赏析会、互联网发布会，提供了太多与同龄人相互交流切磋的机会，就因为我们太宅，而未能参与，未能受益。

再看看别人呢，不但锻炼了自己的身体，享受了最美的人间四季，更增长了不少知识——这可是相当大的一笔财富呢！

看过日本电影《不求上进的玉子》之后，我开始对"宅"这个字充满了更多的否定：诚然，每个人都需要一定的个人空间，可你不能把生活的所有都压缩在这里，变成一个大门不出二门不迈的宅人。

玉子的父亲经营一家体育用品专卖店，他早年和妻子离婚，长女出嫁后他便开始了一个人的生活。

玉子在结束东京大学的课程后返回到故乡，因为无事可做，人生也没有任何目标，就每天懒散地宅在家里。父亲原本以为女儿过段时间会去找份工作，可是一年又一年过去了，玉子始终只宅在家里，对任何事都提不起兴趣，也从未说过要出去工作的打算。

父亲对此很是恼火，先后多次数落玉子的不是，希望她能尽快找到一份合适的工作。可玉子不以为然。就在父亲快要对女儿失去耐心的时候，生活中发生了一些别的事情，使玉子开始转变心态。

樱花重新开满枝头的一天早上，玉子竟意外地收拾整齐，向父亲宣布自己要出门上班的决定。

　　我曾听很多即将大学毕业的学子诉苦说："姐姐，我不想毕业，毕业要跟同学们分开，要一个人租房子，要一个人打拼，我害怕那种孤独痛苦的生活。"

　　可是害怕有什么用呢，该来的还是要来。

　　上学求学时，你不需要出去工作，一切生活开支是由家庭供给的，所以你会觉得当学生是一件很轻松的事情，不需要背负任何压力。可你又是否知道——你之所以能轻松，只是父母替你背起了生活的重担。

　　而父母也会慢慢变老，你毕业的时候就意味着要长大成人，独立去面对社会，毕竟没有人能免费照顾、负担你一辈子。中国的古话讲"养儿能防老"，你甚至要学着负担起父母的生活才是。

　　不管你曾经多么宅，面对生活曾流露出多么不想面对的表情，看到这篇文章时，也都应该为自己、为家人改变一下。

　　玉子的醒悟代表了宅女的醒悟，她是通过一系列现实明白，终究不能宅到死的。出去生活，才能战胜生活；选择面对，才能真的解决问题。

　　宅的背后，还是要面对回归社会的现实，只是时间早晚的问题。为了你能更早一步享受生活，获得上天更美更好的馈赠，早点踏上出门工作的征途吧！

5. 做复杂时代的明白人

> 曾几何时，我也如此的迷茫，一边羡慕着别人的繁华，一边惋惜着自己的无奈。

不知从何时开始，我们的世界开始变得焦虑一片，周遭的人总是蠢蠢欲动。或许是互联网科技越来越发达，人们想要获知各种消息越来越容易，于是想起了那个"坐井观天"的故事，充分发挥想象——假设这只青蛙跳到了井外，它看到了外面的世界，心态又会发生怎样的改变？

或许它第一眼就看到河边的一只青蛙住在更漂亮豪华的房子中，还有三个很可爱的孩子。

或者它看到别的青蛙都是成群结队地蹲在一起，有家人，有朋友，说说笑笑好不热闹，只有它一个人显得格外凄凉。

又或者有青蛙穿着帅气的衣服，风光体面地从蛙群中走过，立马吸引了万千目光的注视——相比之下，它的寒酸，它的土气，它的少见多怪，没有一条不把它的档次拉低。然后，它回到了井里，开始抑郁，开始焦虑，每天饭也不吃，只想着一个问题：怎么办，到底该怎样才能让自己也拥有那样的生活？

它很想努力，可却一直在焦虑；它很想前进，可焦虑只会让它更加举步维艰。渐渐地，它悲哀地发现，出去了那么一次以后，它的生活相较之前似乎并没有多大的起色，甚至还倒退了几分……

生活里，很多人已经做了这只可怜的"小青蛙"，只是我们都浑然不觉，仍然认为自己这是有上进心。但焦虑这种负面情绪，可能真的对你来说没什么积极的作用。

一个即将面临大学毕业的学生，十万火急地向群里抛出一个问题："哪家出版社有招实习编辑的，本人不要一分钱工资，只求有师傅带经验，大恩大德，感激不尽！"

半个小时过去了，群里炸开了锅，很多以过来人的身份嘲笑着这位初闯社会的小伙子："你可要长点心，要是你真有实力留下来，哪家单位会不给你开工资啊？"

"读书读傻了吧，人家单位用你是要实现效益的，你当做公益呢，还请师傅免费带你？"

那个大学生继续焦虑地说："我是真心的，哪位大神帮帮我吧！在线等。"

可以看出来，他真的很焦虑，或许是害怕毕业的时候找不到一家可以实习的单位，也或许害怕自己会没事干，被周围的同学们比下去。不管怎样，他貌似真的很着急，有时间"在线等"，却不愿实打实地想想办法，去解决问题。

我想起那天有个学弟在微博里给我发私信："师姐，你好，关注你有一阵子了。我是个刚刚毕业两年的上班族，眼看着同学们每个人都混得风生水起更上一层楼了，我却仍然陷在原地没有任何进步，甚至班级里一些原来根基比我还差的同学，如今也都月入上万了，我该怎么办呢？很想找个地缝钻进去，指点一下迷津吧！"

其实，我懂这些人的焦虑。曾几何时，我也如此的迷茫，一边羡慕着别人的繁华，一边惋惜着自己的无奈。

很长一段时间里，群里老是发布谁谁换了新工作，谁谁刚买了一辆新车，谁谁出版了一部畅销小说……看着这些消息，我越来越不敢公开说话，我知道自己在这些人中根本没什么分量，我说的话再多也只是废话。所以，从那一天开始，我决定不再一边担惊受怕，一边傻傻地比较——那只会令自己更加焦虑。

回头再来分析这两位青年的困惑，恐怕是任何一位有志青年都会对未来有的一种困惑。可是这种焦虑，并不代表你就一定会朝着明朗的方向前进，而你的焦虑恰恰是因为惊觉到自己与别人确实存在某种差距，却妄想寻找到一条便利的捷径，尽快地追上。

这种心愿通常是很难达成的，因为它怀有某种投机取巧的概念。

真正的努力，是需要先把自己的一颗心冷静下来，然后对想要完成的事情，有一个清晰的、明朗的认知与规划，然后每一天都认真地践行，至于结果如何，只管交给时间来考证。

曾经，我身边也有一些朋友，生活得很压抑，总在焦虑。久而久之，部分人的身体都开始受到这种不良情绪的影响，变得越来越脆弱。后来，她们意识到再也不能这么任由情绪牵引自己，转而投入到摸索如何让自己变得快乐的方法中去了。

几个月后，有人参加了瑜伽培训班，有人拾起了早已扔下多年的绘画，有人学了吉他，有人跳起了印度舞。而我的朋友圈，也开始变得五彩缤纷，每个人都晒着自己丰富的日常生活。

可见，焦虑的出现并不完全是一件坏事，甚至可以成为做出改变的一个契机。只要你有双发现的眼睛，有颗热衷行动的心，就一定能够朝着更加完美的生活前进一步。

其实，我们早在孩提时代，就已经开始了对这个世界的各种探索，只不过那时候年纪尚小，再加上身边有家长和老师的指导，很多基本的生活问题都可以轻松地获得答案。

而真正的探索，则是从学校毕业出来逐渐走上社会以后才开始的。这时候，你的身边再没有别人，正如著名身心灵作家张德芬女士所说："亲爱的，外面没有别人！"

你对未知一切的探知，自始至终也只有一个人，成也是你，败也是你。因为问题太多，差距太远，世界变化太快，而我们又没有足够的信心来面对这一切，所以，就会产生焦虑。

希望你能认识到，焦虑如果可以被正确地看待，终究也会变成一件好事。而焦虑本身，并不代表你在努力，那更多的，只是一种对未来的恐惧，更多的，是会扰乱你的生活，彻底将你变成一个软弱的孩子。

我常听那些焦虑的人说："我后悔虚度了很多美好的时光。""我后悔没有认真做一件真正喜欢的事情。"

可是，解决问题的办法也正在这里啊！

世界上最无用的事情之一就是后悔，不管你怎样忏悔，过去都已不可追。当下才是真正美好的时光，从今天开始珍惜当下就可以了；过去没有完成自己的兴趣，那么从今天开始，一点一滴地补回来，用心练习，心情自然也就平静了。

还有一种焦虑是，对自己所做的事情缺乏十足的把握。比如知道明天要举办一场重要的发布会，而你是这场会议的组织人。你或许是心理压力太大，还没开始工作你就会想到很多问题来吓唬自己："万一嘉宾在发布会现场拒绝回答记者的问题怎么办？""万一哪里做得不对，导致发布会失败怎么办……"

什么都没开始，为什么要先给自己埋坑呢？

你把一切都准备妥当不就什么事都没有了，就算临时会出现一些难料的状况，可那也必须先要冷静才能处理好，焦虑只会让人更加手足无措，手忙脚乱。

当你觉得一件事情离开自己就无法运转的时候，就意味着你出问题了。

事实上，没有任何事情离开你会导致无法运转，如果是这样的话，那所有人都不要睡觉了，否则，岂不是天下都要大乱？仔细想一想，你的焦虑真的是有必要吗？会不会那只是一种你故意想做出来给别人看的假象，伪装成一种你很努力很紧张的样子，甚至骗到了自己，甚至还会稍微有些小感动。

如果你观察一下就会发现，那些拥有最充实的时间和快乐工作的人，晚上都会睡得香甜。

焦虑只是一种落后意识的觉醒，而并不代表你很努力。开始行动，脚踏实地地走好人生路上的每一步，才能真正地过好现实的人生。

6. 不抱怨的世界

> 同样的一个人，同样的环境，为什么差距会这么大？答案是：心态的转变。

身边总有那么几个喜欢抱怨的人。

同事 A 说公司加班太多，老板太爱开会，几个小时下来什么决定也做不了，却害我们在那里坐着白受罪。

朋友 B 说大城市物价太高，想买房却遥遥无期，每天都在挤到爆的地铁里逃命似的去做一件并不喜欢的工作。

家人 C 说："我很喜欢做服装导购，可是店里的那帮女孩实在太吵了，我没办法说服自己跟她们待在一起，怎么办？"

每天要应付这一摊生活，还要抽出空来帮众人指点迷津，我也感到很疲累，于是就分别开出了"药方"：

对 A 说："那就炒你老板的鱿鱼啊，给他一个下马威，顺便还能在那帮同事面前涨涨威风！"

对 B 说："彻底离开那座城市吧，反正你也不是富二代，拼命一辈子大概也不可能买得起那城市里的房子！"

对 C 说："开店啊，自己当老板啊，那手下的员工还不得眼巴巴地等你发粮票！"

抱怨是人的天性，谁都喜欢安逸又舒适的生活，眼睛里揉不得沙子，不想看见任何一点难处。可生活就是这样，你一无特长，二无天赋，凭什么就能轻轻松松拥有一切呢？

以上几个人作为我的同事、朋友、家人，每个人都是我生活里不可或缺的一部分，对此，我很珍视彼此之间的情谊。可每个人都活得那么负面、消极，却让我由衷地为他们感到难堪。

很多影视剧中经常说的一句台词是："做人呢，最重要的就是开心。"但仔细想想，这句话放在特定的环境里，似乎又有些不对。

大学刚毕业那年，我到一个亲戚的公司打工，在亲戚的安排下，成为一名并不喜欢本职工作的财务。那个时候应届生找工作比较难，为了生计，我只好暂时选择留下来。

工作期间，我认识了一个来自南方的女孩晴，她个子矮小，却长得很精致。或许是因为生活在北方不习惯，晴整天愁眉不展，令我总是很心疼她。

私下里，因为都是女孩，又住在同一个宿舍，她自然跟我很亲近，说了很多抱怨的话。总之，她生活得很不开心，已经好几次跟我透露出想要辞职的打算。

一次，领导正在开会，照例是总结近期一段时间的工作进展，以及下个阶段的任务。会毕，大家正要散场时，晴不知哪里来的勇气，忽然站起来对着所有人大喊一声："领导，我要辞职！"

在场所有人都愣住了，我回看了一眼领导，他严肃的脸上掩藏不住一时的尴尬。但他还是强忍住怒火，问晴辞职的原因。晴信誓旦旦地说："做人最重要的就是开心，我做这份工作并不开心，所以我要辞职。"

记得当时，不知哪里来的一股感动，很多同事都和我一样，情不自禁为晴的回答鼓起了掌。随后，只见领导重重地点了头，就算批准了。

半个月后，晴交接完所有的工作，收拾好行囊，决定回到南方城市。临别的那天，我还特意送了晴，一路上都在夸奖她的气魄和勇敢。送她上车时，我对她说："回到家乡，一定要找一份能令自己开心的工作，也不枉费这么任性一场。"

晴笑着，很用力地冲我点点头。

时光流逝得飞快。两年之后，我们在网上相遇了，我问起她的近况，猜测她一定找到了一份快乐的工作，生活得很幸福。却没想到，晴一句话都没说，只冲我发过来一个"难过"的表情。

过了许久，她才跟我叙述这两年的生活：原来，目前做的工作已经是她回家后的第三份工作了。之前的两份，全部因为或这样或那样的原因，都果断辞职了，甚至在第二次辞职的时候，她还曾一度迷信是不是自己的八字跟这座城市不合。

后来，她又很快到现在这家公司来上班了，却依旧苦恼地发现自己仍然不能快乐。就在昨天，她还曾因为考勤的问题跟人事部的同事差点吵起来。

那一刻，我不再羡慕她的豁达与勇敢，反而觉得她当初的辞职完全是一种冲动与鲁莽——或者她真的只是想要一份简单的开心，却不懂得怎样工作才能令自己实现愿望。

一个只有目标而根本不知道如何才能实现目标的人，大概永远也实现不了心中的理想。

后来，她又抱怨了些什么，我早已记不清了，只是知道，如果她找不到具体能令自己满意的状态，大概这种"辞职——入职——又辞职"的路还会走上很久。当然，人总不会是一成不变的，说不定再过两年，她会真的找到理想的能令自己开心的工作。

再回头说说我的妹妹。她向我抱怨店里姐妹不好相处的事发生在一年前，如今，她却真的是大变样了。昨天，我还在微信朋友圈里看到她新发表的一段话：

"说真的，在店里我觉得自己成长了很多——从开始的不合群，不爱说话，不爱扎堆，到和大家打成一片，每天谈笑风生。我感谢店里的每一个人，感谢她们包容我，帮助我。尤其是艳姐，琪琪，美学。

"艳姐工作认真勤快，热心负责；琪琪脑袋灵活；美学非常拼命。她们身上都有值得我学习的地方，我得更加努力，向她们看齐。总有一天，我会在工作岗位上和她们一样，成为不可替代的镇店之宝。"

同样的一个人，同样的环境，为什么差距会这么大？答案是：心态的转变。

当我们在听一个人抱怨时，其实只看到他一方面对一件事、一个人的看法，俗话说"兼听则明，偏听则暗"。

在最初听到亲人或朋友的倾诉时，很容易就对倾诉人产生同情，会觉得一切都是别人的错。可事实却不然，大部分时候，环境其实是无所谓对错的，只看适不适合——如果一个人肯调整自己去适应周边的环境，问题自然会迎刃而解。只是人们凡事总爱从别人身上找原因，忘记最大的问题却是出在自己身上罢了。

妹妹从喜欢抱怨、满腹牢骚的小姑娘，到现在眼前这个活泼开朗、积极向上的服装销售，这是同一个人，只是因为心态变了，所以对事情的看法也就变了。

从抱怨到努力的过程，是每个人注定要经历的成长蜕变。从抱怨到努力，是深刻反省、认知自我的关键步骤，这个过程有时会很漫长，但请你一定不要放弃。

只有懂得了做任何事都不容易，才会懂得低下头、默默付出的价值与意义。

7. 决定你上限的不是能力，而是格局

> 如果真的想要拥有令人艳羡的一切，你不必等
> 到什么好状态、好天气，最好的出发时间，就是此
> 时此刻。

你有没有过这种生活经历：手机里看到一张美女照片，就决定明天开始也要化妆，把自己打扮得漂漂亮亮，人见人爱；也可能看到别人能够非常精准而流利地演讲，于是决定，明天苦练演讲，到时候对整个世界顺畅地表达出心中的观点；又或者仅仅是看到一本非常喜欢的书，很是倾慕作者的才华，决定要好好练习写作，将来也出一本畅销书。

然而，到了你所谓的明天，时间依旧滴答滴答不停地在走，睡觉、吃饭、上班，一天天就这样过去了，而你仍旧什么都没改变。

在下一次看到这些自己不曾拥有的一切，继续对着别人的身材、脸蛋、文采，流口水，发毒誓——然后一段时间过

去，你也依然还是老样子。

为什么会出现这样的情况？只因为你没给自己改变的必要条件，你没有足够的决心，也没有发自内心地去坚持。

其实，如果真的想要拥有令人艳羡的一切，你不必等到什么好状态、好天气，最好的出发时间，就是此时此刻。

我有一个非常不好的习惯，每到年终总结的时候，就开始各种后悔年前自己设立的目标，各种没有达成，甚至最好的状况也只是完成了一半。然而"行百里者半九十"，没有完成就是没有完成，无异于荒废。

好多个这样的时候过去，我猛然间发现——自己快要30岁了，却还是一事无成！

秉着后悔无用的做事原则，我又开始期待新的一年，希望自己能实现一些心愿。只不过，那些心愿相比之前，大多没有新意，不过是之前的多次重复。

但我好像总有种侥幸心理，似乎借着新年的钟声，我在下一年完全可以时来运转，做一回不一样的自己。可想而知，这一年，又在我信誓旦旦的期许中，悄无声息地浪费掉了。

曾经，我渴望能有一份高薪的工作。有人告诉我一个诀窍，你最好去看看相关的职位都需要哪些应聘条件，然后再针对自己的弱项或是暂不具备的，重点培训。

是的，我想做的职业是剧本策划，我也看到了很多招聘岗位上罗列出的基本条件：1、有剧本创作的经验；2、有超过 1000 部影片的阅片量；3、最好能掌握一门外语（英语、韩语、日语）。

逐个对照之后，我发现：我有一些剧本创作的经验，可是不太能拿得出手；我很喜欢看电影，可是阅片量远远没有达到 1000 部；我也曾试图将英语说得流利，但学习的过程中好几次都半途而废！

上学时，为了掌握一定的词汇量，我甚至每天天不亮就起床背单词，默写词组。冬天的早晨真的很冷，而夏天的傍晚通常都有很凶的蚊子。想到这里，我最终什么都放弃了。于是，我在每一年的伊始，都想着能有个机会，做一名真正的剧本策划者。

记得去年年初，有位朋友所在的影视公司正好在招聘这一岗位。他们公司名气很大，在业内赫赫有名，我当然很想进去。可是，朋友捎口信说，他们主管对别的条件都可以放松，唯独必须要能熟练地使用英语。

哇！这可怎么办才好，这是我的死结。

我再三请朋友帮忙通融，说我其他条件都还可以，能不能请主管再好好考虑一次。甚至为了能获得一个满意的结果，我还拿出一半的工资请他唱歌吃饭。

但最终，他们主管还是亲自招聘了一位刚毕业的90后。难道就是因为那小子英语说得流利？我愤懑不平地打电话给朋友。

"是的，他不仅英语说得好，还有2000部的阅片量，甚至把未来市场可能受欢迎的电影类型分析得头头是道，要是我，估计也会选择他。"朋友在电话那头缓缓地回答。

挂掉电话。我该责怪谁呢，只能怪自己懒惰。

记得以前也很爱好读书的我，曾购买了不少京东和当当的读书券。可是当有一天，我终于想到要好好买本书来看的时候，却发现那些优惠券都已经过期。

一个又一个的巴掌甩在我的脸上，钱花了，但什么也没干成——这太像之前，我每次都非常兴奋地从网上买回一大堆书。但接下来两个月，甚至更长久的时间里，我却一直将它们置放在抽屉的最深处。晴天雨天，哪怕我在床上躺着什么事都没有，也不曾想过抽出一本来，好好阅读。

就是这样的我，欲要成就很多，完成很多，可到头来，零星点的小事都没有做好。但是，我丝毫不怀疑我当初制订的某些计划，或者实施某种行动的决心。我深知内心深处的我，是非常想要改变的，有谁不想要给自己一个新年新气象，让自己每一年都收获更棒的自己。

可是，我的行动力真的差到了极点。反而，看看那些已经成功的人，才是真正懂得了今天的意义。

未来很远，现下就是永远。是啊，为什么今天就能改变的事情，一定要等待明天？

有几个词语叫作：立刻，马上，现在。不过，有多少人能真正做到。

现在，我们大多数人都是这样想：等我刷完这条微信再做，等我看完这个节目就睡觉，等我喝了这杯饮料就开始。殊不知，就算你刷完了这条微信，看完了这个节目，然后喝完了三杯这样的饮料，你也无法真的开始。因为在你说着这些话的时候，这些真正要做的事情，已然被你抛诸脑后。

记得，我以前一个人住的时候总是很懒。工作日的时候，我总是想着等到周末就打扫房间。真的迎来周末，我却在床上睡大觉，乱七八糟的屋子往往要等到周日晚上才开始收拾。加上要洗澡洗衣服，很容易影响到第二天上班的效率和心情。

什么事，都扛不住拖延的。拖延的本质是，你内心或许根本不在意这件事。

或许今天说了这样的话，你还是觉得很难一下子就改变，但你起码可以从手边最简单的事情开始。比如当天穿的

内衣和袜子，当晚回家就清洗干净，保证它们的清洁；当你
有重要任务要做的时候，先关掉网络，专心把所有工作都完
成，再进入你的开心时刻。

当你把一天的工作顺利完成了，渐渐地也就可以完成一
周的工作，接下来就是一个月，然后一年……只要坚持，没
有什么是不可改变的！

不要心安理得地觉得什么事放到最后，只要我收拾了就
行。就拿洗碗这件事来说——吃完饭立刻就洗干净的碗筷和
用过两次都未及时洗的碗筷，哪种再洗起来比较轻松呢？

你需要明白的是，最初开始的那几天，总是痛苦的，因
为人都习惯在惯性中生活，但养成好的习惯是一件不容滞后
的事情。越早养成良好的生活习惯，你也将会在工作中获得
更多、更大的收益。

在这个过程中，不需要盲目地去跟别人比较，跟自己比
较就可以了。也不要期待短期内，一件事情会给你带来特别
大的回报，很多时候，你只需要让自己感到充实饱满就行。

你只要知道，改变是为了让你配得上更好的自己，把自
己带去更加美好的未来。希望我们每个人，都通过自己的努
力，让新的一年不再只是之前的重演。

新的一年，要给自己一个真正全新的开始。要记得，总
说未来的人，正在丢掉现在。

8. 戒了吧，拖延症

> 拖延拖延再拖延，轻松的只是推脱的那个当口，却不知道下一刻将更煎熬、焦虑、恐慌。

"拍电影的最佳时间是二十年前，其次就是现在。"这是我听过最令人心寒的一句话，"你原本可以成为更好的自己。"

八年前，我的一位大学同学婧也想跟我一起来大城市奋斗，她很喜欢写作，梦想成为一位伟大的女作家。可不幸的是，毕业那年的夏天，她的母亲突然查出癌症需要住院。为了照顾母亲，这位孝女寸步不离，甚至直到母亲出院后，医生明确告之病人已无大碍，可以正常生活了，她仍不放心，坚持要守在母亲身边，生怕再出现什么波折。

一年后，我有了固定的工作，算是在大城市稳定了下来。那时候我很想婧，也还记得一起许下的心愿，就不停地打电话跟她夸耀大城市的好，想吸引她早点过来跟我一起奋斗。可是，她每次都会对我说同样的话："我现在不放心母亲，作家梦嘛，再晚个几年也没关系。"

就这样一年两年，很多年过去了，如今她已经嫁到了外地，彻底成为一名家庭主妇，承担起了持家照顾儿女的职责。

现在我们依然会通电话，不过内容却完全不同了，她总会向我抱怨孩子有多缠人，做家务有多辛苦。偶尔，她也会想起那个未能实现的作家梦，只是谈起时语气里已不再有兴奋，而只是感叹："如果当时听你的话该多好啊！"

是的，如果她陷入生活的泥潭中，她的梦想几乎要靠下辈子才能去拼一拼了。她现在早已与文字隔绝多年，脑袋空空再也写不出满意的文字来了。

我的另外一位大学同学小松，在北京这座大城市里奋斗三年后，突然萌生了想要开店创业的想法。

某天，他找到我，无比兴奋地谈起了他的大计划，说自己当老板会辛苦一点，可也能挣到很多钱，不用再看老板的脸色。

我仍然记得，当时听他讲完后心中为他高兴的心情。然而两个月后，他却又告诉我，他已经放弃开店的打算，决定还是老老实实打一份工。

我问他原因是什么，他说开店太忙了，而且前期需要投入很多资金，现在他还没有成家，留着些钱还要娶媳妇呢。

听了他的话，我只能表示很惋惜。

前不久，小松又来找我了，想跟我借点钱。这个时候，他又很坚定地想要开店了，因为他的孩子正一天天长大，一份有限的工资已经满足不了他们一家三口在这座城市的开销了，他认定只有开店才能有未来，想开店多挣点钱。

但就在我把一万块钱交到他手上时，他却再次犹豫了：万一我开店失败了呢？现在我既没经验又没人脉……这次要是失败可比上一次更严重，上一次失败只是几年的工资打了水漂，这次失败可会连累一家人的温饱问题！

最后，他还是把钱还给了我，临走时喃喃自语地说着："等明年再说吧，明年我一定开店。"

望着他远去的背影，我心里充满了无奈。虽然不知道明年他会不会真的开店，但我想那个可能性真的不大。

有的人绕过此时的困难去做一件容易的事，以为到未来的某个时刻，做那件想做的事就会容易一些——却不知人生的每个阶段都有它的难处和困惑，下一个阶段并不意味着能比这个阶段有更多的幸运。

那些一味选择逃避的人，终究做了人生的失败者。

拖延拖延再拖延，轻松的只是推脱的那个当口，却不知道下一刻将更煎熬、焦虑、恐慌——你原本可以写出更精妙的文章，你原本可以画出更美的图画……你原本可以成为更好的自己，可是，你却统统没有。

拖延症之所以会存在，是人的一种本性。很多人享受于最后一刻实现目标的快感中，并把这样的自己看成是天才，无所不能。

在学校时，就有很多同学喜欢"临时抱佛脚"，总在进考场前的最后一刻还去翻书本、背公式，特别是当他们还能取得相当不错的成绩时，就会产生学习不用太用功的想法。同样，做别的事情也是如此。

可现实往往很残酷，偏偏很多时候"幸运之神"不会眷顾你——因为经验不足，准备不充分而导致失败的事例比比皆是。对工作常常这样，就会让老板对你产生不努力、不积极的印象，久而久之，离被开除也就不远了。

要相信，费尽苦心得到的结果和只准备几小时做出的成绩，是完全不一样的，大家也都能感觉到。如果只是简单准备了就一切都能做好，那所有的事情都不必如此复杂，世上的成功也就能轻轻松松得到。

有执行力的人才有未来。从现在开始，看准目标，即刻出手，告诉自己别再过侥幸的人生，别再拖延现在丢了未来。

9. 要学会反省自己

> 当你终于发现自己一无是处，别怕，你还有自知之明。

小的时候，曾经听过这么一个故事：有个农家姑娘头上顶着一桶牛奶，从田地里走回家，走着走着她突然想到："这桶牛奶如果卖了的话，至少可以换 300 个鸡蛋。300 个鸡蛋除去一些可能养不活的或者丢了的，大概可以孵 200 多只小鸡。等到这些小鸡长大了，再拿到市场中去卖，一定可以卖很多钱。

"我用这些钱足够买一条漂亮的裙子和首饰，那么在圣诞晚宴上，我会打扮得漂漂亮亮的，到时肯定会有很多年轻帅气的小伙子向我求婚，而我要摇摇头拒绝他们。"

想到这里，她情不自禁地摇起头来，头顶的一桶牛奶一下子掉在地上，洒了个干净。她的美妙幻想也随之被打破，变得一无所有。

我们生活中经常会遇到这样的人，他们幻想着自己未来的美好生活，以为自己的梦想一定能够实现，然而现实却往往不尽如人意。

前几天遇到以前的同事大梁，就客气地闲聊了几句。

大梁今年30岁，还没有女朋友，果不其然，聊了几句就问我身边有没有认识的合适人，让我给他介绍女朋友。我没敢随便答应，只说帮他留意一下。

其实大梁人不坏，我们还是同事的时候虽然交集不多，但是也听其他同事提到他的一些热心事迹，后来因为一些工作上的事情也渐渐熟悉起来。

大梁刚到公司时，曾凭借不错的外形吸引了公司里众多小姑娘的目光，加上他又是一名设计师，这就更加锦上添花了。当时很多单身姑娘都打听大梁是否单身，得到肯定回答之后都沾沾自喜。不过，同在一家公司共事，大家相处时间久了，就发现大梁的一些缺点。

大梁自从毕业之后已经换了4家公司，期间做过销售，做过装修，也做过设计。基本上每家公司待一段时间，就开始跳槽到另一家公司，从来没有在一家公司能坚持工作两年以上。

一开始大梁跟我们谈起这些往事的时候，他不是怪A

公司的领导太腐败，就是怪 B 公司的待遇不好，觉得屈就自己。直到应聘进我们公司之后，才稍微有点稳定下来的意思，毕竟在他看来，公司无论是待遇还是规模，都让他暂时觉得满意。只是，后来大梁还是辞职了，因为他觉得自己并不适合设计师的工作。

本来大梁是有一个女朋友的，听说上大学时他们就在一起了，不过后来还是分手了。原因大概就是女生想要结婚，可是大梁的工作一直不稳定，不是突发奇想和朋友一起搞装修，就是毅然辞职自己创业——常常一份工作做的好好的，突然发现其他工作更加赚钱，于是立刻辞职，转移战场。

三番五次以后，女生还怎么放心和你结婚？结果，当然是一拍两散。

现实中，很多男生都觉得女生现实，明明自己已经努力赚钱了，女生却还是想找个有钱人。然而事实并非如此，女生并不是嫌弃你穷，而是嫌弃你好高骛远。

当你进入职场，发现别人轻轻松松就能升职加薪，而自己却领着微薄的工资，你开始抱怨公司不重视你，于是直接辞职换下一份工作，完全不考虑自身的问题。时间长了，你发现自己已经换了无数份工作，可是每一份工作你都做不好，仍然一无是处。反而是跟你差不多年龄的人，要么事业有成，要么家庭幸福。

我们常常抱怨世界不公平，却学不会反省自己。

以前邻居家有个姐姐欣欣比我大个几岁，他们家还有一个跟我差不多大的弟弟。她妈妈身体不好，一直卧病在床；爸爸是个普通工人，靠着一个人的工资养着一大家子。

小的时候，他们姐弟俩很少穿新衣服，但是他们都很懂事，从来不随随便便向家里要钱买东西，而且人很好，经常带我一起玩。我从小就喜欢这个姐姐，老是黏着她。好多次欣欣在写作业，我就坐在旁边看，但每次一写就写到很晚。有时我缠着她让她陪我玩，她才会勉强抽个空陪我玩一会儿。

记得有一次，我忍不住问她："为什么每次都写到这么晚，你们老师布置这么多作业呀？"她无奈地说："因为我没有别人聪明啊，所以就要比别人多写作业才行。"

后来大一些的时候，欣欣的事情越来越多，每次放学回家，既要照顾母亲，又要打扫卫生、洗衣做饭，作业也写到更晚，我实在不好意思像以前一样黏着她了。

她成绩很好，从小学起就一直担任班长，我妈每次都要我向她学习。我从来不反感，因为在我心里，她确实就是我的榜样。

我上高中的时候，欣欣考上了重点大学。走的时候，她请我去她家吃个告别饭，我送了她一个白天鹅的陶瓷摆件。后来，我就很少见到她了，每次都只能在网上联系。假期她也很少回家，一直在兼职打工，赚生活费——大学期间，她从来没有向家里要过一分钱。

爱美之心，人皆有之。

没有别人一样富裕的家庭，她就自己赚钱买漂亮的衣服，买喜欢的东西。每次我都劝她不要这么拼，她就开玩笑地说："我也不想这么拼，但是我长得又不漂亮，想嫁个有钱人很难，所以只好努力让自己变成有钱人。"

毕业后，欣欣去了一线城市，进了一家外企，现在她已经成为自己所说的有钱人了。

你没有一份好的工作——不是因为你好吃懒做，好高骛远，而是因为你的家境一般，父母只是普通工人，不能在事业上给予你任何的帮助；你没有一个温柔体贴、腰缠万贯的老公——不是因为你长得一般，身材臃肿，又不注重内涵，是因为那些高富帅优质男都瞎了眼，只喜欢漂亮的女孩；你没有一个可以无条件支持你、信任你的朋友——不是因为你言而无信，不懂报答，是那些朋友没有无私奉献的精神，不配做你的朋友。

当你终于发现自己一无是处，别怕，你还有自知之明。

10. 有所求才会有所得

> 几乎找不到一个地方，会愿意接受生无所求的人。

前不久和小学同学聚会，因为太久没见面，席间大家都有些激动。正聊得起劲时，突然一个同学问，怎么那个老调皮捣蛋的副班长没有来，好久没见了。

这句话像一颗炸弹，顿时在人群里炸开了锅。此后的一个多小时，话题突然变成谈论这位小学副班长，每个人似乎都有一肚子的话要说。

在同学们断断续续的描述中，我渐渐摸清了这位同学的去向：副班长从小就是个调皮捣蛋的孩子，他没有一门自己喜欢和擅长的功课，之所以能成为副班长，完全是因为他父母跟校长有关系。后来，大家上了不同的中学，就不再经常见面了。这位副班长因为不爱学习，没有读完初中就辍学回家了。

当时，因为年纪太小，他也不晓得自己喜欢什么，能干什么，就去亲戚的皮衣厂里当了三年的学徒工。

20 岁那年，稍微成熟一些的他，终于意识到了做皮衣不是他的梦想，于是再一次不顾家人的劝阻，辞职南下。到了新地方，他又有了新的困惑，当下火车的那一刻他才恍然大悟：自己并没有想好能做什么。

没有学历，没有相关的工作经验，他只能选择门槛不高的工作好养活自己。最初的一年，他做汽车销售，因为业绩不佳被领导开除；后来又去做电话销售，因为不耐烦，总是会跟客户在电话里吵起来，再次被开除。就这么晃晃荡荡地，一直到去年，他还是没有找到真正喜欢的事业。

这是一件多么可怕的事情——一个人把自己活成了一个足球，任由别人在脚下踢来踢去。

后来，我终于知道为什么这次同学聚会他没来了。其实，负责人很早就联系到了他，不过他总是以各种理由搪塞和推脱着，终于没有参加。大家都说，或许他觉得自己一事无成，所以不好意思前来。

听到这里，我不由得想到时下一些刚毕业的年轻人，因为对未来感到困惑、迷茫，所以总是问一些微博大 V，年轻人应该干什么才不会后悔。

这是一种好现象，即便他们尚未找到自己的定位，至少懂得要开始思考了——年轻时的迷茫并不可怕，年老后的忏悔才最难过。

那些总觉着自己还年轻而得过且过、混一日是一日的人，可以想见，等他将来老了，必定会为自己虚度了时光而忏悔，而自责。

汪峰唱的《生来彷徨》并不令人惋惜，他要是唱老去彷徨才是真的凄凉。每个人生下来都不会先知先觉，对前途感到迷茫是很正常的表现。但在该知道要干什么的年纪还蹉跎、彷徨，到年老的时候就很难再有实现梦想的机会了。

就像这位副班长，如今大家都已是奔四的年纪了，他却仍然没有找到一份值得为之奋斗终生的事业。可想而知，他的内心该有多么煎熬，人生该有多少困惑。

虽然，人们总说无论何时开始都不晚，但总要早点明确目标，在年轻的时候奋斗起来才更有干劲啊！

小敏今年 32 岁，没有男朋友。如今她已经不太敢随便回家了，她知道，在没有成功找到一个男朋友前，回家无疑会持续面对七大姑八大姨的责难。

其实，她并非奉行单身主义，也并没有任何生理、心理上的问题，甚至还非常想交往到男朋友，但她这么久了为什么都没有谈过一场像样的恋爱呢？

跟小敏接触以后，我很快就找到了问题的根源——她的单身，"得益"于她对异性太没要求。

前阵子，同事为她介绍了一个眼镜男，重点大学毕业，性格有些暴躁，和小敏刚结识了一天就再也不联系了，原因是那个眼镜男觉得小敏脾气古怪。其实，并不是小敏脾气古怪，只是因为她缺乏恋爱经验而不懂得男人的心。

后来，家人又帮她介绍了一个理科男，是一家公司的技术部主管，性格比较木讷。

原本，家人想着这个男孩只是有些内向但人不坏，他俩一定能修成正果。不料，一个礼拜后，男方主动提出了分手，理由是小敏不会撒娇，一点都不可爱。

当问起他们之间的相处状态时，小敏淡淡地形容说："我也不爱说话，我们两个人坐在一起都像定海神针，两根木头。"

我问小敏："那你对男朋友没有最基本的要求吗？"小敏愣愣地摇摇头。这是我第一次知道，一个人对别人没什么要求时，反而更容易一事无成。可以想见，她一生中最适合谈恋爱的时光，都被无情地消耗掉了。

当一个女人对自己各方面要求很细致时，她很容易成为一个精致的女人，要么装扮精致，要么生活精致。而当一个人对万事万物都马马虎虎，没有追求，也没有目标时，则很容易陷入一塌糊涂的境地，乃至一事无成。

所以，不管是对职业前景的规划，还是对未来另一半的要求，我们都应该树立一个准则，对一切有所要求。

不可否认，在这个世界上，人人都想过上很好的生活，都想鹤立鸡群，成为最光鲜、耀眼的那个。但真正能够实现心愿的人，永远是那些对自己有所要求的人。只可惜，太多人想要的太多，自我要求却太少。他们日复一日地随波逐流，活在别人对自己的评价里，就像一个被迫旋转的陀螺，要靠外力的作用才能正常地工作。

赶快醒醒吧！几乎找不到一个地方，会愿意接受生无所求的人。

想要靠自己过上完美的生活，就从此刻开始，多读书，勤思考，掌握一门生存的技能，做一个有追求的人吧！

11.努力才叫梦想，不努力只能叫空想

　　　　　　有梦想的人总是幸福的，能为梦想全力以赴的
　　　人则是最幸福的人。

　　有一个贫穷的年轻人梦想着有一天能够成为富翁，过上富裕的生活，然而一直不能如愿。为此他特别苦恼，不知该怎么办，于是他每天都跑到教堂祈祷："上帝啊，请看在我如此尊敬你的分上，让我中一次彩票吧！"

　　日复一日，年复一年，也不知道过了多长时间，他蹉跎成了一位中年人，生活依旧贫困。这天，他如往常一样，来到教堂祈祷。可能是他越想越委屈，最后变成了抱怨，抱怨他虔诚了这么多年，却还是不能得到上帝的垂青。

　　上帝听了他的话，气不打一处来："我倒是想实现你的愿望，但你至少先去买一张彩票吧？"

　　很多人通常都把它当作笑话来听，但是听完笑完之后，我们是不是该做点思考：这位年轻人渴望成功，但至少要迈

第四辑　不抱怨的世界 〉〉〉

出成功的第一步。

每个人都有自己的梦想，只是梦想或高深或简单，或惊世骇俗或平淡无奇。不论什么样的梦想，坚持下去我们就能离它越来越近。你努力了，尽力了，即便最终没有成功，也会得到莫大的收获。

然而，如果你空有梦想而没有一点实际行动，那么最终它也只是海市蜃楼罢了。别说天上不会掉馅饼，即便掉了，你又怎么能确定正好落在你头上？要是明知道馅饼就掉在离你不远的地方，你却没有伸手去够，还能抱怨梦想遥不可及吗？

其实生活中有很多这样的人，他们或者好高骛远，觉得现在的生活不是自己想要的；或者被动应付，在生活的重压下苟延残喘；或者迷茫无助，不知道到底该怎么过好自己的一生。

这样就会出现：好高骛远的人，不屑于当前的努力；被动应付的人，不敢做出相应的努力；迷茫无助的人，不知道从哪努力。

但是，不论何种原因，最后的结果都是将自己的梦想放在一个无人知晓的角落，然后伴着岁月的伤痛喝个烂醉，生怕醒来之后看到狼狈不堪的自己。

生活不会完全按照我们想象的模样来展现，所有的梦想都需要有个依托才能发挥光芒——这个依托就是努力，实实在在、看得见摸得着的努力。

上大学的时候，有幸到一家电视台实习，在那认识了一位化妆师——小彤。她不仅人长得漂亮，化妆也非常出色，而且还很勤奋。

有一天，台里要做一位明星的专访，听一些老员工说这位明星脾气非常大，相当难伺候，所以很多人都避之不及。最后台里让我们两个人顶了上去，全程陪同。

最初我提心吊胆，心想，千万别因为得罪明星失去了这次实习的机会。小彤倒很淡定，听到这个消息的时候，继续擦拭着她那一天不知道要清理多少遍的粉红色化妆箱。

陪同工作的第一天早晨，我们五点半就来到了这位明星的房间。我们到时，这位大咖已经开始工作了。见她边工作边敷面膜，小彤便小声提醒她说："面膜要躺下敷效果才能更好。"

然后，小彤一边打开她的化妆箱，一边向明星解释："您的皮肤水分很充足，但是您的面部轮廓有向下走的趋势。如果站着敷面膜，只会越来越严重，但是以后您稍加注意，躺着敷面膜，要不了多久，皮肤自然又会恢复之前的弹性了。"

小彤有个习惯，每天晚上她都要对第二天的工作进行梳理，而且非常详细。只要她在场，几乎不会出现任何意外。

有一天早晨，那位明星开始不配合了——小彤在给她化妆的时候，出于个人喜好，她拒绝用某一款发胶。

为了说服她，小彤再一次展示了自己的专业和细心，说："老师，我是您的粉丝，知道您喜欢用什么牌子的发胶。我之所以向您推荐这一款，是因为我昨晚看了下今天的安排，外景相对多一些，而且天气预报说今天的风有可能很大，不太容易能固定住头发，而这款正是专门应对这种情况的。

"您今天要换好几套衣服，使用这种发胶也可以让改妆变得容易些，这样也能节省您的时间。"

听完这话，这位明星便不拒绝了。

事实上，正是那天这位明星的出色发挥，才让这档节目提前两天录制完毕。这其中的功劳虽然大家不说，可不得不承认和化妆师也有莫大的关系。

后来与小彤聊天，才知道她的家庭条件十分优越，完全没有必要从事现在这种每天被人呼来喝去的工作。可是为了实现化妆师的梦想，她放弃了原有的舒适生活。

小彤上大学的时候，在父母的要求和期盼下，被迫选择读了管理专业。毕业以后，父母希望她能接受更加先进的管理学教育，学成之后能快速接手家族企业，所以送她出国留学。

然而，这次她却违背了父母的意愿，毅然决然转到了化妆设计系。为此，父母对她进行了整整一年的经济封锁。这一年，她辗转在各个兼职岗位，从家教到图书管理员，从倒卖小商品到洗盘子，反正能想到的兼职她一个都没有落下。

小彤哪做过这些啊？看着她近乎自虐的样子，父母终于妥协了，同意她去实现自己的梦想。

研究生毕业后，她回到国内。父母要给她成立一个工作室，可是她觉得自己现在经验不够，拒绝了这一帮助。后来，她就开始四处接活，综艺节目、影视剧组等各种活动，甚至包括一些聚会她都不会放过。再后来，听说这个节目的化妆师在业界非常出名，她又跑过来免费做了实习生。

与小彤聊天的过程中，她说的最多的一个词就是"梦想"。每次说到这个词的时候，她眼神中总是熠熠发光，可见她对梦想的热爱。与此同时，这几年她做的最多的事情，也是为了实现梦想而积蓄能量。

实习结束的时候，她用很文艺的语调对我说："生活之于我们有太多的艰难，梦想之于我们有太多的美好。人生总是这样的，在追逐梦想的途中悲喜交加。有梦想的人总是幸福的，能为梦想全力以赴的人则是最幸福的人。我还算幸运，这么多年来始终没有放弃梦想，并开始可以捕捉梦想的影子。"

有些年没联系了，我想现在的她，该是最幸福的人了吧。

12. 真的勇士，敢于面对每一天的日出

> 很多时候，你以为自己在夜深人静本该休息的时候却迟迟不睡，是比别人拼命努力。

不知从何时起，悲哀地发现自己已能适应伸手不见五指的黑夜，却接受不了阳光照进窗台的清晨。

并不是我不喜欢白天，鸟语花香，阳光和煦，很多美好的事物都与白昼有关——而不喜欢清晨的原因，是惧怕白天的来临。这座城市总是那么步履匆忙，每天第一声的鸟鸣，都淹没在了匆忙奔赴上班路上的慌乱中。

以前看到科比在接受记者采访时，很自信地说自己知道每一天洛杉矶凌晨四点半的模样。我想，任何人听到这句话的第一反应，都会是赞叹科比的努力。

普通人要想成为一名成功者，先要从坚持每天的早起开始。

有时候，日出代表现实的到来。那一系列恼人的工作，脾气暴躁的老板，刁难的客户，等等不堪的日常让生活好似永远也渡不到对岸。与此同时，更怕自己不知道在这些苦日子中煎熬的意义何在，以及不确定自己熬过去就可以拥有明朗的未来。于是乎，每天就在毫不情愿又无可奈何的悲惨境遇中，惶惶不可终日。

回想一下，为了早起，你是不是在前一天晚上就定好了多个不同时间的闹钟？在第一个定点闹钟响起之后，关掉继续睡去，又在朦胧中睁着惺忪的眼睛，去关第二个、第三个……直到最后一个闹钟铃声尖锐地响起，你才飞身起床，快速地洗漱完毕，顾不上吃早饭就朝着公交车站跑去。

如此，就是很多人每个工作日早晨的习惯。

城市里有很多习惯晚睡晚起的人。在晚上，他们不舍得睡觉，是因为害怕一天的结束；到早上，他们不想起，是因为害怕一天的开始。

我也有同样的感觉。

在都市夜深人静的时候，要么拼命加班，要么歌舞升平，很少有人会选择早早休息，养精蓄锐，哪怕在别人睡觉的时候看一场电影，也觉得是比别人赚了。而到了早上，能不被闹钟叫醒，精神抖擞地迎来清晨第一缕阳光的人则成为了少数。

很多时候，你以为自己在夜深人静本该休息的时候却迟迟不睡，是比别人拼命努力——那只是你表面看上去的勤奋，内心深处其实是无尽的彷徨与空虚。古人说："一日之计在于晨。"也有很多研究表明，人在早晨的精神状态，几乎决定了一整天的计划与安排。

人们都佩服每天能早起的人，然而却不知道从什么时候开始，早起变成了一件需要毅力才能做到的事。被窝是舒服的，可青年作家七堇年却说："被窝是青春的坟墓。"

网上还有一种完全相反的观点："早起毁一天。"说的是一个人因为刻意早起，导致起床后整个人变得昏昏沉沉，稀里糊涂什么事情也没做就过完了一天。

持这种观点的人，只能说还没有养成早起的习惯。

的确，对于习惯晚睡晚起的人来说，突然让他早起，身体各方面会变得很不舒服。可只要形成良好的作息习惯，就会发现，还是早睡早起更符合人类的生活规律。

人们常常喜欢给自己找理由来懒散，比如说"江山易改，本性难移"，以此来开脱自己不想改变的毛病。可是，一个人只要做出改变，哪怕只有一点，都能给自己的生活带来莫大的裨益。

朋友小何是个爱晚睡的青年。他做自由职业，时间很松散，因此常常会在一天进入半夜之后，拧开书房的台灯为各种杂志撰稿。加上他不爱运动，久而久之，身体便出现了问题。

这天从医院出来后，他开始严格按照医生的嘱咐，每天早起跑步，并且购置了哑铃等工具放在家里以供练习。

两个月之后再见面，我发现他气色好了很多，整个人也变得更精神了，连撰稿的工作也更加得心应手了。渐渐地，他从每月固定为五家杂志供稿，增加到了十家。重要的是，因为起床很早，锻炼完身体他还有时间去附近的公园逛逛，看看这座城市的风貌。时间一长竟多出一个爱好——摄影。

现在，他写杂志专栏不仅提供文字，还提供照片。试想，如果不是早起，他哪里能有这样好的发展？

每个人在人生的道路上都会遇到各自的难题，当产生困惑而又无法立即解决时，就需要寻找一种合适的方法，让心灵能暂时有个归宿。

早起，也是修炼自己的一种方式。那些害怕迎接清晨，害怕面对忙乱不堪一天的人，通过早起这种方式来修炼自己，是从容应对生活的开始。